森系新娘化妆与造型实例教程

安洋 编著

人民邮电出版社
北京

图书在版编目（ＣＩＰ）数据

森系新娘化妆与造型实例教程 / 安洋编著. -- 北京：人民邮电出版社，2015.3
ISBN 978-7-115-38135-4

Ⅰ. ①森… Ⅱ. ①安… Ⅲ. ①女性－化妆－造型设计－教材 Ⅳ. ①TS974.1

中国版本图书馆CIP数据核字(2015)第026990号

内容提要

森系新娘就像是从森林里走出来的少女，她们披着嫁衣，唯美而梦幻。本书以森系新娘妆容造型为主题，根据妆容色彩将案例分为 7 组，每组都有一款妆容，并且为这一款妆容搭配 12 款造型。每一款妆容都通过步骤分解、妆容风格解析、配色方案和打造提示向读者进行展示；每款造型则展示了 4 个角度的效果图，以及步骤图、步骤解析、所用手法、造型重点和造型提示。本书图例清晰，讲解详细，力求从思考角度和操作技法等方面给读者以启发。本书不仅向读者展示了打造妆容与造型的方法和技巧，更为读者提供了创作的灵感源泉。

本书适合影楼化妆师、新娘跟妆师使用，同时也可作为化妆爱好者的学习资料。

◆ 编　　著　安　洋
　责任编辑　赵　迟
　责任印制　程彦红
◆ 人民邮电出版社出版发行　　北京市丰台区成寿寺路 11 号
　邮编　100164　　电子邮件　315@ptpress.com.cn
　网址　http://www.ptpress.com.cn
　北京盛通印刷股份有限公司印刷
◆ 开本：889 × 1194　1/16
　印张：14
　字数：522 千字　　　　2015 年 3 月第 1 版
　印数：1 – 3 000 册　　　2015 年 3 月北京第 1 次印刷

定价：98.00 元

读者服务热线：(010)81055410　印装质量热线：(010)81055316
反盗版热线：(010)81055315
广告经营许可证：京崇工商广字第 0021 号

即将步入婚礼殿堂的新娘对于婚纱照的拍摄及婚礼当天的妆容造型的喜好各不相同，年龄、性格和个人的经历都会对其有所影响。有人喜欢韩式的优雅，有人喜欢欧式的高贵，有人喜欢日式的清新可爱。本书中讲解的森女风格新娘妆容造型则是近年来颇受欢迎的一个门类。

森女妆型早期主要用于写真拍摄及生活中，体现清新唯美的感觉。妆容淡雅、柔和、自然；造型具有随意感。在配饰的搭配上大多从大自然中获得灵感，佩戴纱、花、蕾丝等饰品。

将森女妆型的概念引入到新娘妆容造型中，基本的格调不变，但在妆容及造型的处理手法上会有所变化。对于新娘来说，在体现自然唯美的同时还要符合婚纱照片的需要及婚礼场合的需要。森女新娘在妆容的处理方式上比较偏向于日式新娘妆容，在造型方面则从韩式、欧式、日式造型中获得灵感，并在层次感及配饰等方面加以变化，从而形成独特的森女风格的新娘妆容造型。

森女新娘的妆容大多采用柔和靓丽的色彩；造型方面可选择自然垂发或各种形式的盘发；在饰品的搭配上，大多选择蕾丝、各种造型纱、花朵、蝴蝶等质感柔和的饰品，摒弃皇冠等金属质感的饰品，使其更加符合森女造型的基本要求。

在本书中，将妆容分为黄色、绿色、蓝色、紫色、橙橘色、玫红色、彩色 7 种色调，并且在每一种色调的妆容案例中搭配了十余款造型案例解析，使大家能更好地了解森女风格新娘妆容造型的特点及技术要领。希望大家从本书中汲取灵感，创作出更多、更好的作品。

感谢以下机构和我团队中的老师、学生及模特朋友对本书案例拍摄的大力支持。名单如有遗漏，敬请谅解。一路走来谢谢大家的陪伴（排名不分先后）。

苏州 B-ANGEL 模特经纪公司；

慕羽、春迟、李哩、李茹、赵雨阳、朱霏霏、沁茹、罗丽莉、李菲萍。

最后感谢人民邮电出版社编辑赵迟老师对本书出版给予我的帮助和支持，使本书更快更好地呈现在读者面前。

安洋

2015年1月

蓝色调妆容与造型 014

绿色调妆容与造型 042

彩色调妆容与造型

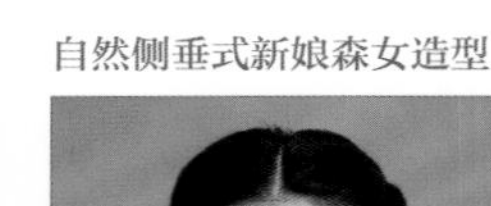

Hairstyle and Makeup

蓝色调妆容与造型

蓝色的特性

蓝色非常纯净，通常让人联想到海洋、天空、水。纯净的蓝色表现出一种冷静、理智、安详与广阔的特征。蓝色特性沉稳，具有理智、准确的意象。另外，蓝色也代表忧郁，具有思考的意味。

蓝色作为三原色之一，可以与很多色彩相互调和。调和黑色可以使蓝色深暗甚至神秘，而调和白色可以使蓝色浅淡柔和。蓝色与红色调和形成紫色，与黄色调和形成绿色。正是因为这样的色彩特性，在化妆中，可以利用蓝色达到多种多样的妆容效果。

蓝色在森女新娘妆容中的应用

在森女新娘妆容中，对色彩的基本要求是自然的柔和美感，所以对蓝色的选择也不例外。深暗的蓝色及过于浑浊的蓝色不适合新娘妆容，应选择饱和度高的色彩。例如，天蓝色、海蓝色及孔雀蓝色都可以作为森女新娘的眼妆色彩。下面介绍几种蓝色在森女新娘妆容中的搭配方式，供大家参考。

1. 蓝色 + 粉色

蓝色与粉色被称为情侣色，两者能够很好地搭配在一起。在森女新娘妆容中，可以将蓝色作为眼妆的颜色自然晕染，用粉色作为唇妆的颜色。两种颜色的搭配非常协调，并且妆容会呈现粉嫩自然的感觉。

2. 蓝色 + 红色 + 粉色

蓝色与红色相互搭配会形成紫色效果，在这两种色彩相互搭配的时候，不要将其完全调和在一起，可用蓝色做大面积的眼影晕染，之后在靠近睫毛根部的位置用少量紫色对蓝色进行过渡。在处理之后，眼妆会呈现出蓝色与紫色的渐变效果。加上粉色的唇妆，呈现出的妆容不但粉嫩自然，并且具有浪漫气息。

3. 蓝色 + 黄色 + 裸透色

蓝色与黄色相互结合的方法，是用黄色过渡蓝色眼影的边缘，使眼妆在蓝色中透露出淡淡的绿色，营造清新的感觉。搭配裸透色的唇妆，能使妆容整体呈现宁静的美感。

蓝色在妆容中还有很多其他方式的运用。例如，用深蓝色塑造时尚妆容中眼妆的结构立体感会呈现很好的效果；蓝灰色的眼影可用来表现雾状的时尚烟熏眼妆等。只要根据需要合理把控，就能运用蓝色打造出多种多样的妆容，在这里不一一赘述。

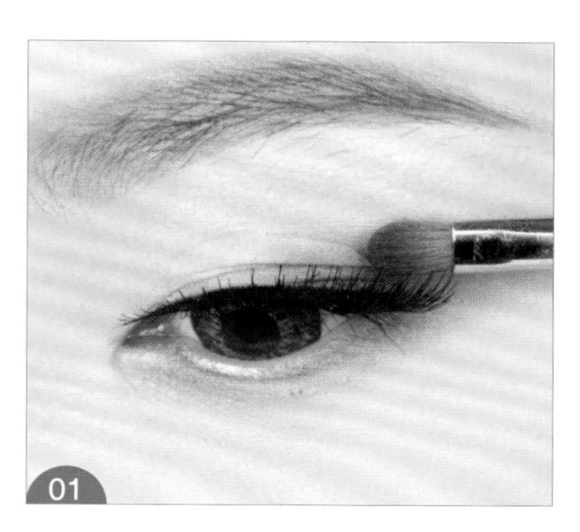

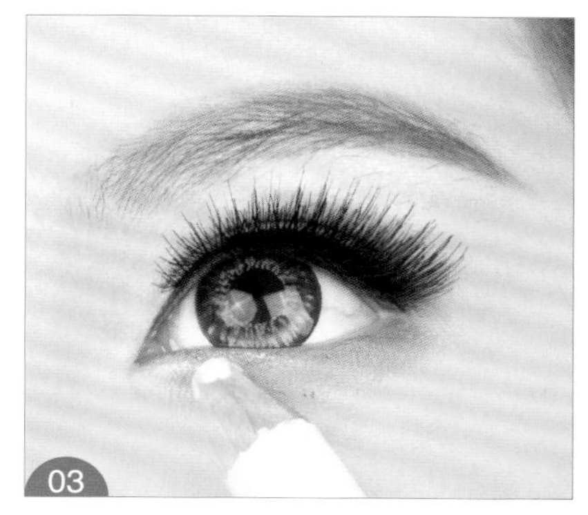

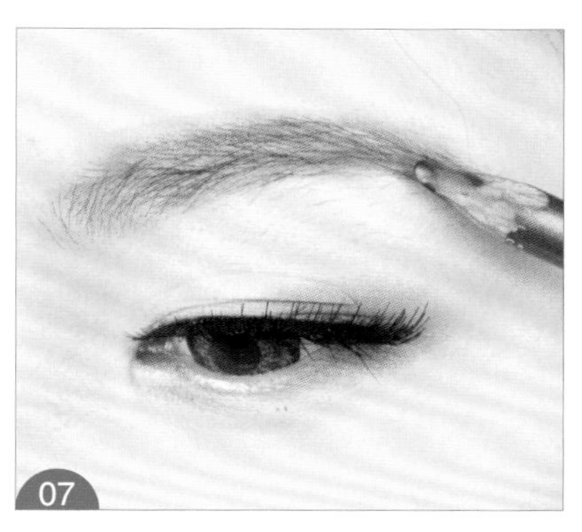

操作步骤

STEP 01 在上眼睑的后半段用偏深的天蓝色眼影晕染，边缘要过渡得自然柔和。

STEP 02 在整个下眼睑用天蓝色眼影淡淡地晕染。

STEP 03 用白色眼线笔适当描画眼头的位置，使眼妆更加干净立体。

STEP 04 上眼睑的睫毛采用局部重点粘贴，先粘贴一整支睫毛，再在上眼睑后半段靠近睫毛根部的位置粘贴半支睫毛，这样睫毛在保持自然的状况下更具有浓密感。

STEP 05 对上眼睑的剩余部分用白色眼影晕染，使眼妆更加干净，也使蓝色眼影的边缘更加柔和。

STEP 06 用咖啡色眉粉晕染眉毛，加深眉色并使眉形更加平缓。

STEP 07 用灰色眉笔对眉峰的位置进行加深，使眉毛更加立体。

STEP 08 斜向晕染粉嫩感的腮红，使面色红润亮泽。

STEP 09 在唇部淡淡地涂抹亮泽的粉红色唇膏，并适当用透明色唇彩调和唇部，使其更莹透。

妆容风格解析

此款妆容呈现如蓝天白云般的雅致美感和浪漫唯美的风格，适合搭配色彩淡雅的造型纱及浅色造型花。皮肤白皙细腻的女孩比较适合这款妆容，皮肤太差的话，使用这些色彩容易显脏。

妆容配色方案

蓝色和粉色被称为情侣色，它们能够很好地搭配在一起。此款妆容选择了比粉色略深的淡粉红色唇妆及粉嫩的腮红，与眼妆的天蓝色进行搭配，整体妆容呈现浪漫甜美格调。眼妆以白色对天蓝色进行修饰，蓝天、白云之感得到了很好的表现。

妆容打造提示

打造淡色自然感唇妆的时候，如果唇的底色过深，可以适当用裸色唇膏来修正唇的底色；否则较深的唇底色会破坏唇膏本身的色彩，使唇色暗淡。

操作步骤

STEP 01 将一侧发区的头发向后用三股连编的形式编发。

STEP 02 用三股辫编发的形式收尾。

STEP 03 另外一侧同样用三股连编的形式编发。

STEP 04 继续向下编发，用三股辫编发的形式收尾。

STEP 05 将两侧的编发盘绕叠加在后发区并固定。

STEP 06 将一侧后发区的头发向上翻转，包裹住辫子，翻转的角度呈斜向。

STEP 07 另外一侧同样取头发，向上斜向翻卷。

STEP 08 注意固定的牢固度及发卡的隐藏。

STEP 09 将两侧卷筒中间的空隙位置固定得更加牢固。

STEP 10 在后发区将剩余头发收拢到一起，向上翻卷。

STEP 11 将翻卷好的头发在后发区的底端固定，注意调整后发区轮廓的饱满度。

STEP 12 在头顶位置佩戴造型纱并将其抓出自然的褶皱和层次，让造型纱的边缘呈现出漂亮的弧线效果。将其固定牢固。

STEP 13 继续向前收尾，固定造型纱。

STEP 14 在造型纱前佩戴白色蝴蝶兰，点缀造型。

STEP 15 在后发区造型瑕疵位置佩戴白色蝴蝶兰，点缀造型。造型完成。

所用手法

① 三股连编编发

② 上翻卷

造型重点

打造此款造型，后发区两侧向上翻卷的头发应呈现内收的轮廓，最终后发区应呈现饱满的弧度。

造型提示

白色蝴蝶兰的优美轮廓搭配具有柔和质感的造型纱，两者相得益彰，呈现出梦幻般的美感，配合整体造型，呈现出典雅浪漫的气息。

操作步骤

STEP 01 用两股辫的形式将刘海区的头发向下编发。

STEP 02 编至收尾的位置时可以适当收紧，以方便固定。

STEP 03 将收尾固定在后发区底端的一侧，注意固定要牢固，发卡要隐藏好，防止头发脱落。

STEP 04 将另外一侧发区的头发以两股辫的形式向后编发。

STEP 05 同样在收尾的时候要适当收紧，以方便固定。

STEP 06 将编好的头发在后发区固定。固定要牢固，必要的时候可以采用十字交叉卡加强固定。

STEP 07 将后发区两侧的头发用四股辫编发的形式叠加在一起。

STEP 08 将编好的头发在后发区向上盘转并固定。

STEP 09 将后发区的剩余头发向上翻转，准备打卷。

STEP 10 打卷要偏向造型一侧，发卡的固定要牢固，发卡要隐藏好。

STEP 11 在头顶位置佩戴造型纱。

STEP 12 将造型纱抓出褶皱和层次。

STEP 13 在造型纱上佩戴羽毛质感的饰品。

STEP 14 在后发区点缀羽毛质感的饰品。造型完成。

所用手法

① 两股辫编发

② 四股辫编发

造型重点

在打造此款造型的时候，刘海位置的两股辫编发要松紧适度。应根据编发在头部的走向调整其松紧度，使其最后呈现饱满的效果。

造型提示

羽毛饰品质感柔和，与造型纱相互搭配，点缀在后盘式造型上，在端庄之中透露出飘逸优雅的感觉。

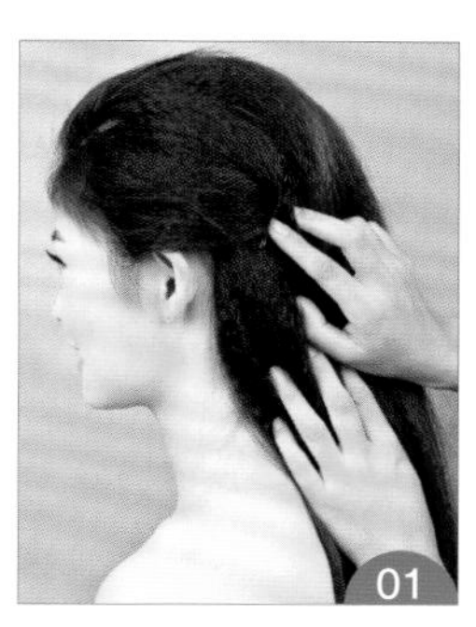

操作步骤

STEP 01 将一侧发区的头发在后发区固定。

STEP 02 在固定点的下方取侧发区及后发区的部分头发，向内打卷，收短头发。

STEP 03 将打好的卷固定并调整其轮廓。

STEP 04 将刘海区及右侧发区的头发在右侧后发区固定，在固定的时候对刘海区的头发做一下扭转。

STEP 05 取侧发区及后发区的部分头发，向内扣打卷，收短头发。

STEP 06 固定好之后调整其弧度，固定要牢固。

STEP 07 将后发区底端的头发打卷，用来做顶区头发的支撑。

STEP 08 将顶区头发做下扣卷，可以将头发倒梳，增加头发的衔接度。

STEP 09 注意处理扣转固定后的头发的弧度，使后发区的轮廓饱满自然。

STEP 10 在造型的一侧固定白色网眼布。

STEP 11 将网眼布带至造型的另一侧，使其形成发带的效果。

STEP 12 在发带一侧佩戴造型花，点缀造型。

STEP 13 在发带另一侧佩戴造型花，点缀造型。造型完成。

所用手法

① 打卷

② 下扣卷

造型重点

此款造型将长发通过打卷和下扣卷的方式打造成短发的感觉。在造型的时候，要注意观察正面的造型感觉，将两侧的轮廓感处理得圆润自然。

造型提示

白色网眼布发带结合白色花朵，与短发感觉的盘发造型搭配，使整体的感觉更加柔美可爱。在很多造型中都会运用发带来烘托可爱的感觉。

操作步骤

STEP 01　将一侧发区的部分头发向后提拉，在头顶位置将其固定。

STEP 02　将刘海区及另外一侧发区的部分头发向后提拉，在头顶位置固定。

STEP 03　取两侧发区的剩余头发与后发区的部分头发，在后发区进行三带一编发。

STEP 04　继续向下编发，注意辫子的弧度感。

STEP 05　将辫子收尾并用皮筋将其固定好。

STEP 06　将后发区一侧的部分头发向后翻转。

STEP 07　用同样的方式翻转两片头发，与辫子固定在一起。

STEP 08　从底端取部分发尾，向上翻卷并固定牢固，隐藏好发卡。

STEP 09　将后发区剩余的头发向上提拉并打卷，注意打卷的角度。

STEP 10　将打好的卷固定牢固，对之前翻卷的头发形成包裹状态。

STEP 11　在后发区佩戴蝴蝶蕾丝饰品，修饰造型。

STEP 12　在额头位置佩戴蝴蝶蕾丝饰品，修饰发际线的位置。

STEP 13　在头顶位置固定网眼纱，并将纱抓出层次。

STEP 14　调整网眼纱的层次及轮廓，造型完成。

所用手法

① 三带一编发

② 上翻卷

造型重点

此款造型的重点是后发区底端轮廓的饱满度，在将后发区的头发固定好之后，可以用尖尾梳的尖尾对其做适当的调整，使其更加饱满。

造型提示

蝴蝶饰品非常适合用来打造浪漫风格的造型，搭配网眼纱，更加具有柔美感。此款造型虽然是盘发造型，但同样能呈现出雅致浪漫的感觉。

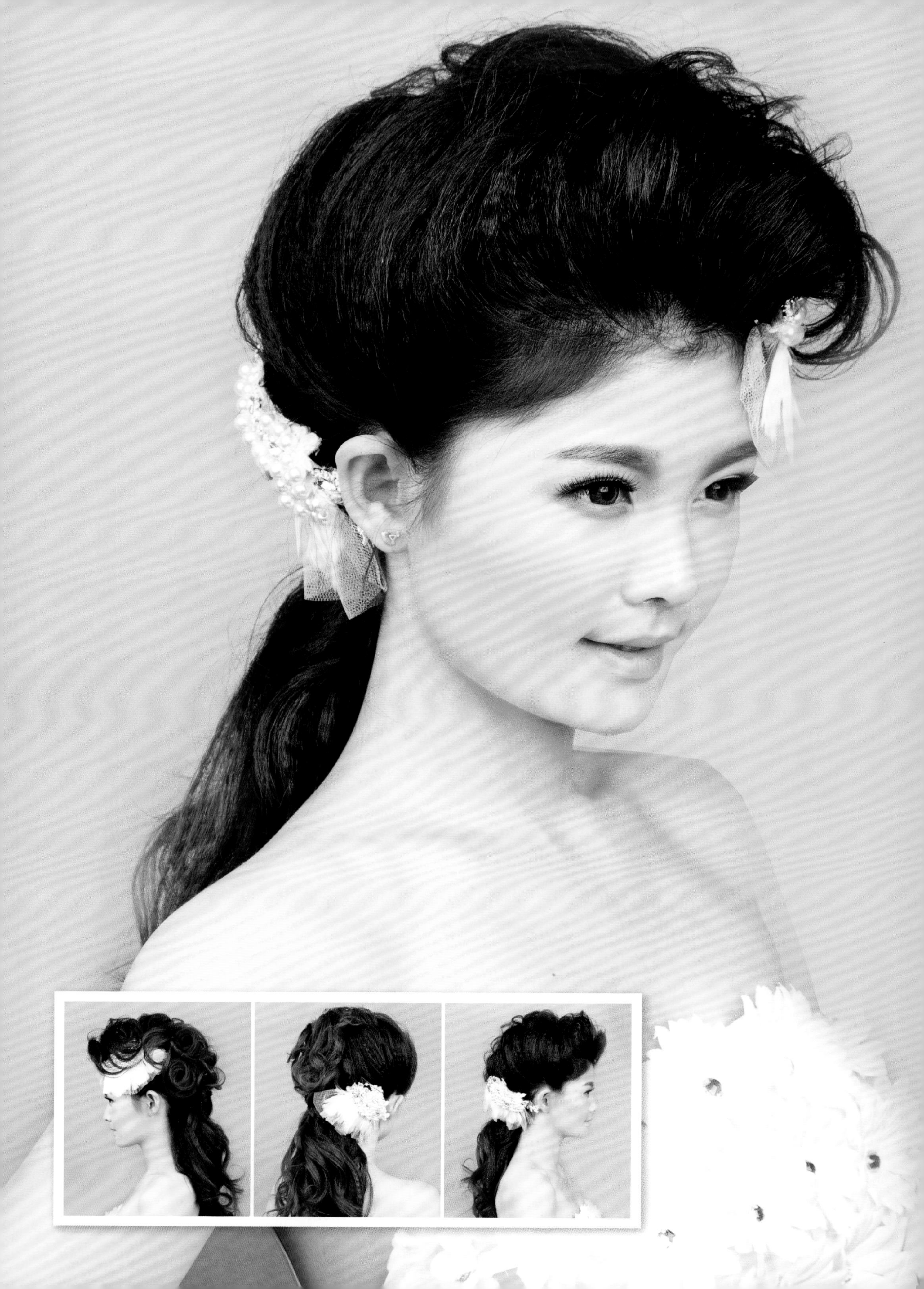

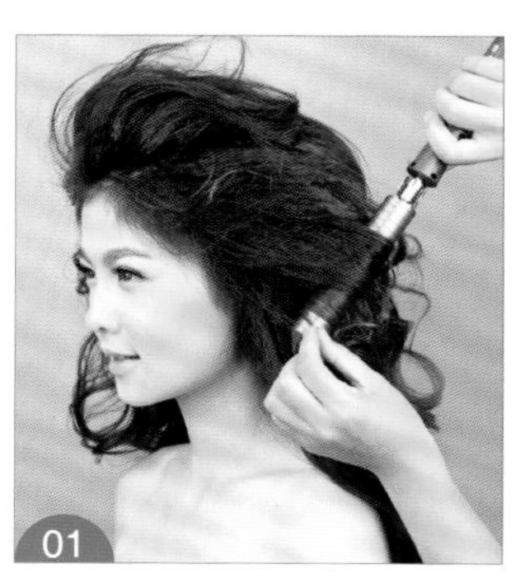
01

02

03

04

05

06

07

08

09

10

操作步骤

STEP 01　将所有头发用中号电卷棒烫卷。

STEP 02　将刘海位置的头发用尖尾梳调整出蓬起的层次感。

STEP 03　将一侧发区的头发向上提拉，固定在刘海区头发的后方。

STEP 04　将另一侧发区的头发向上提拉，同样固定在刘海区头发的后方。

STEP 05　将后发区一侧的头发向上提拉，固定在顶区的位置。

STEP 06　将另外一侧后发区底端的头发向下扭转并固定。

STEP 07　从另外一侧后发区的底端取头发，向上扭转并固定。

STEP 08　在头顶一侧佩戴羽毛质感的饰品，将其固定牢固，修饰发际线。

STEP 09　用刘海区的发丝对羽毛饰品进行修饰。

STEP 10　在后发区底端的位置佩戴羽毛饰品，进行点缀。造型完成。

所用手法

① 电卷棒烫发

② 倒梳

造型重点

此款造型利用卷发的弧度达到造型的效果。在用电卷棒烫发的时候，要使烫出来的纹理流畅，不要使其过于凌乱。

造型提示

在用饰品点缀造型的时候，如果点缀了多个饰品并且其距离较远，最好选择材质、款式一样的饰品，这样不会让造型显得不协调。

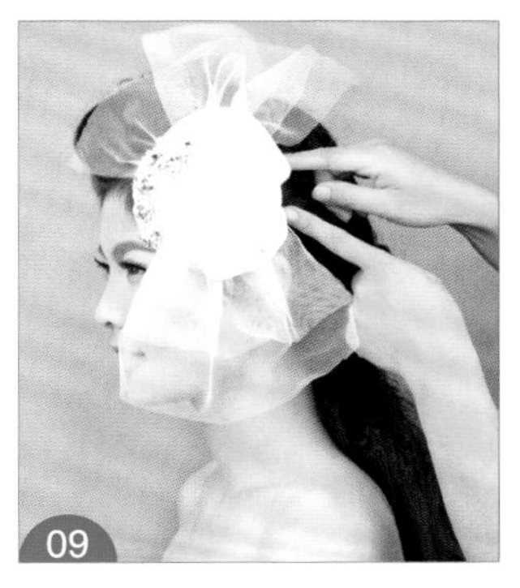

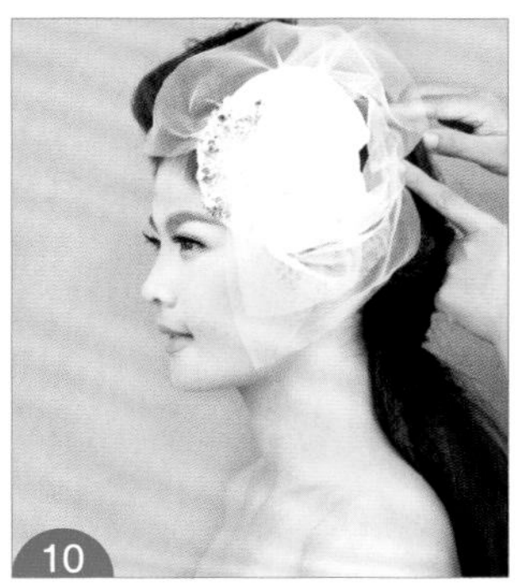

操作步骤

STEP 01 将刘海区的部分头发打卷并固定。

STEP 02 将刘海区的剩余头发向上翻卷，与之前的发卷相对。

STEP 03 在一侧发区取部分头发，继续向上翻卷。

STEP 04 将剩余头发向后扭转并固定在后发区。

STEP 05 在后发区一侧取头发，在后发区中间扭转并固定，不要扭转得过紧。

STEP 06 将另一侧发区的头发扭转并固定，隐藏好发卡。

STEP 07 在后发区一侧取头发，继续扭转并固定。

STEP 08 在后发区左右两侧各取头发，扭转并固定在一起，形成造型的一个支撑点。

STEP 09 在额角位置佩戴饰品，点缀造型。

STEP 10 将饰品的造型纱抓出层次感并固定。

STEP 11 在后发区佩戴小蝴蝶结，点缀造型。

STEP 12 在造型的衔接点佩戴比较大的蝴蝶结饰品，点缀造型。造型完成。

所用手法

① 打卷

② 上翻卷

造型重点

此款造型的刘海位置通过了多次翻卷，形成了渐进的层次感。注意每次翻卷的衔接，不要出现脱节的现象。

造型提示

在佩戴饰品的时候，有的饰品的样式是可以适当改变的。例如，此款造型中饰品上的纱就可以根据需要固定出不同的形状，来修饰造型轮廓。

操作步骤

STEP 01　将刘海区及两侧发区的头发在后发区收拢并固定。为了增加发量和衔接度，可适当将其倒梳。

STEP 02　在收拢两侧发区的头发时，可以适当将其扭转，这样更有利于控制轮廓感。

STEP 03　扭转后发区的部分头发，将其调整出松散的层次感并固定。

STEP 04　将后发区的剩余头发向上提拉，扭转后固定，注意隐藏好发卡。

STEP 05　用电卷棒将扭转并固定好的头发的发尾烫卷。

STEP 06　将烫好的头发分片向前固定，整理出纹理感和层次感。

STEP 07　在一侧额角的位置佩戴造型花，点缀造型。

STEP 08　用刘海区的发丝对造型花进行适当的修饰。

STEP 09　在后发区佩戴造型花，点缀造型。

STEP 10　在造型另外一侧佩戴造型花，点缀造型。造型完成。

所用手法

① 电卷棒烫发
② 倒梳

造型重点

在打造此款造型的时候，注意两个位置的发丝层次：一个是修饰造型花的发丝层次，另外一个是侧发区的造型层次。不要将其处理得过于光滑。

造型提示

如果将彩色的造型花运用在白纱造型中，一般会在妆容中找到与造型花相同或类似的颜色。此款造型的造型花就与妆容的色彩相互呼应。

操作步骤

STEP 01　在后发区扎一条马尾，马尾的位置要高低适中。

STEP 02　将马尾的头发打毛并梳光表面，打卷。

STEP 03　将打卷好的头发向上固定。

STEP 04　将一侧发区的头发向上提拉并倒梳，增加头发的衔接度。

STEP 05　将倒梳好的头发固定在马尾打造的底座之上，将其表面梳理光滑。

STEP 06　将刘海区及另外一侧发区的头发用尖尾梳整理好层次，带至后发区，扭转并固定。

STEP 07　将固定好的头发的发尾打卷。

STEP 08　将发卷固定牢固并隐藏好发卡，调整造型的整体结构感及牢固度。

STEP 09　在造型的一侧佩戴造型花，点缀造型。

STEP 10　在造型的另外一侧佩戴造型花，点缀造型。

STEP 11　在后发区佩戴造型花，点缀造型。造型完成。

所用手法

① 扎马尾

② 打卷

造型重点

打造此款造型时，首先要用马尾打造底座，要将其固定到需要的高度并保证其牢固度，因为这个结构是此款造型的支撑结构。

造型提示

为了使造型的后发区显得饱满，可以采用造型花进行点缀。在这样的情况下要注意观察造型花的各个角度，应前后呼应，不能脱节。

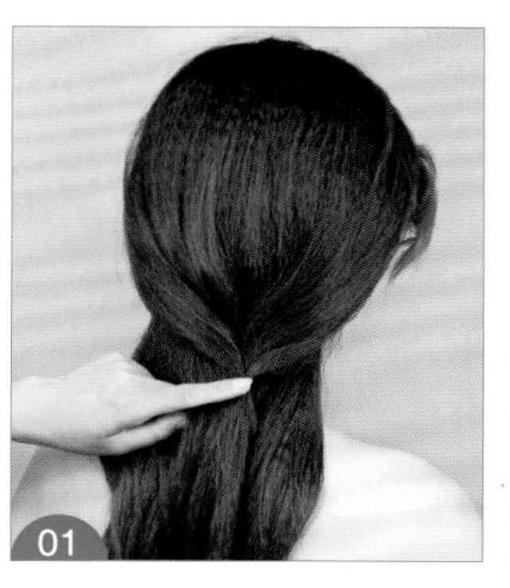

操作步骤

STEP 01 将两侧的头发在后发区相对扭转并固定在一起。

STEP 02 从后发区分出一片头发，向上打卷。

STEP 03 继续分出一片头发，向上打卷。

STEP 04 再分出一片头发，向上打卷，注意与之前的打卷相互对应，形成空间层次感。

STEP 05 在下方继续将两边的头发向中间扭转并固定在一起。

STEP 06 从剩余头发中分出一片，将其打卷。

STEP 07 继续分出一片头发，打卷，两边的发卷相互对应，并固定在之前的造型结构上。

STEP 08 将剩余头发继续向上打卷，并调整造型的整体结构。

STEP 09 将刘海区的剩余头发用电卷棒向上翻转烫卷。

STEP 10 在后发区佩戴飘逸的纱质饰品。

STEP 11 调整饰品上的纱，并进行细致的固定。造型完成。

所用手法

① 电卷棒烫发

② 打卷

造型重点

注意后发区打卷造型的结构衔接，要注意卷与卷之间的层次感、空间感，以及衔接的牢固度。

造型提示

饰品的适当遮挡会使造型更有层次感。此款造型中，饰品上的纱对后发区的造型起到了适当遮挡的作用，但这种遮挡不是完全遮挡，而是透过造型纱能观察到造型的整体轮廓，这样可使造型的空间结构感更强。

操作步骤

STEP 01 将刘海区的头发做上翻卷，可适当将头发向前推，使其更加立体。

STEP 02 将翻卷好的头发的发尾向前打卷。

STEP 03 将打卷之后的剩余发尾继续向前打卷，使其形成连环卷的效果。

STEP 04 将侧发区的头发向上提拉，扭转并固定。

STEP 05 将剩余发尾在刘海区打卷。

STEP 06 在另外一侧发区取三片头发，准备向后编发。

STEP 07 用三连编的形式向后发区编发。

STEP 08 向后编发的同时带入后发区的头发，转化成三带一的编发效果。

STEP 09 继续向下编发，用三股编发的形式收尾，在收尾的位置可以编得紧一些。

STEP 10 将固定好的辫子的发尾盘绕。

STEP 11 将盘绕好发尾的辫子在后发区固定。

STEP 12 将后发区的剩余头发扭转并固定在辫子盘绕的位置，对其进行遮挡。

STEP 13 将所有剩余头发放置在造型一侧，用电夹板将其烫出纹理和卷度。

STEP 14 将卷度整理出层次感，可以下隐藏式发卡将其固定。

STEP 15 在造型一侧佩戴羽毛饰品，点缀造型。造型完成。

所用手法

① 电夹板烫发

② 三带一编发

③ 连环卷

造型重点

注意刘海位置的打卷效果。刘海区剩余发尾的打卷及侧发区的发尾打卷都以刘海区第一个上翻卷为依托，在第一个上翻卷内侧打卷。

造型提示

有时候饰品佩戴在造型的非主体一侧，这样可使造型两侧都成为重点而又不失协调感。此款造型的饰品佩戴就是一个例子。

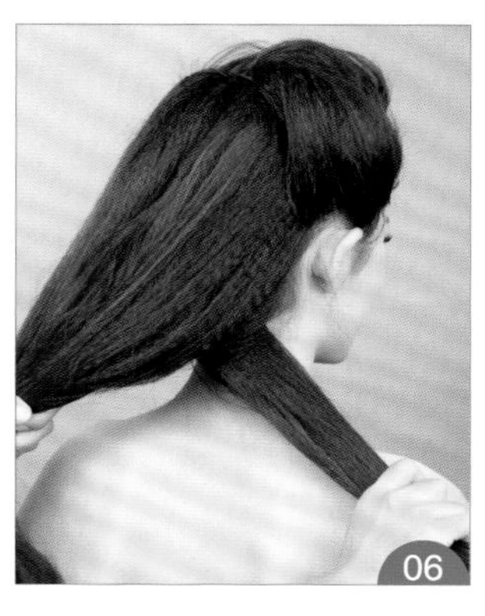

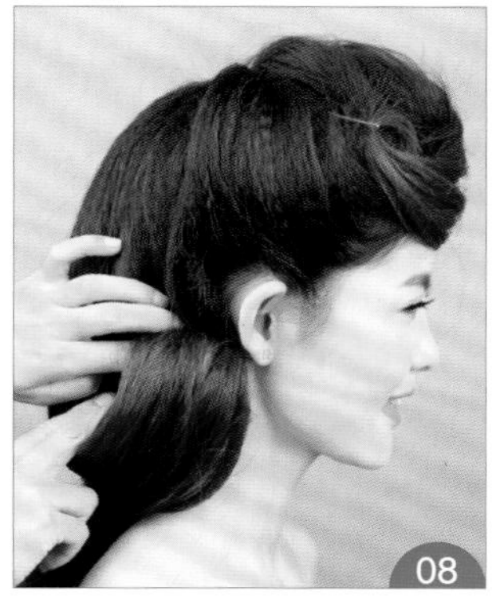

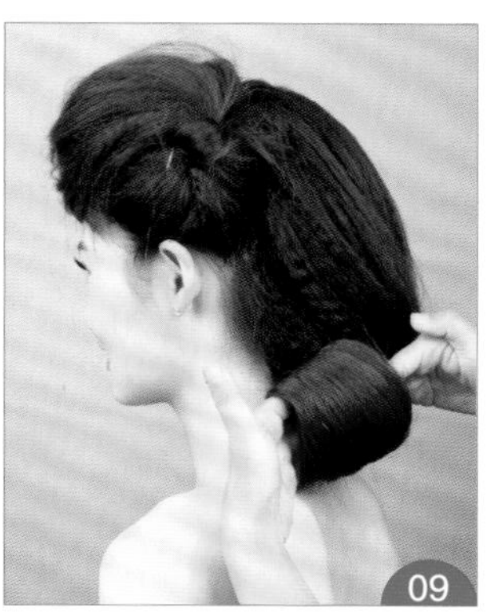

操作步骤

STEP 01　将刘海区的头发用尖尾梳打毛，使其蓬松饱满。

STEP 02　将一侧发区的头发向上提拉扭转，在扭转的时候带入刘海区的发尾。

STEP 03　将扭转好的头发向上推并固定牢固。

STEP 04　将侧发区头发的发尾向前带，盖住额头位置，带至另外一侧发区，注意弧度的圆润流畅。

STEP 05　将发尾在另外一侧打卷并固定，将其形成刘海效果。将另外一侧发区的头发向上提拉，扭转并固定。

STEP 06　将后发区的剩余头发分成两片，左右交叉。

STEP 07　将其中一侧的头发向上打卷。

STEP 08　将打卷好的头发固定在耳后的位置，要固定牢固并隐藏好发卡。

STEP 09　在造型另外一侧将剩余的头发打卷。

STEP 10　将发卷固定在耳后位置，固定牢固并隐藏好发卡。

STEP 11　在发卷固定的前方佩戴造型花，点缀造型。

STEP 12　在刘海一侧佩戴造型花，点缀造型，可以选择小巧一些的造型花。

STEP 13　在造型另外一侧的发卷前方佩戴造型花，点缀造型。造型完成。

所用手法

① 打卷

② 倒梳

造型重点

此款造型的刘海采用的是借发的方式。借发是在发量不够的时候，从其他发区借发来完成想要的造型效果。侧发区头发的固定位置很重要，所固定的点一定要方便将头发带至刘海区。

造型提示

在造型的时候，结构与结构之间有时候会存在空隙，而这些空隙刚好适合用来点缀饰品。此款造型的饰品就是点缀在空隙位置。

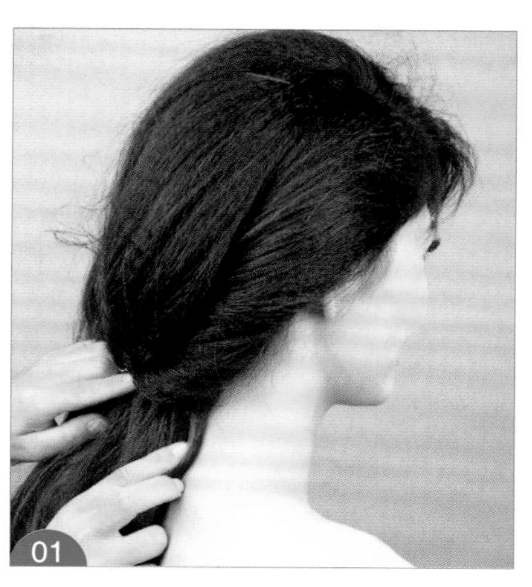

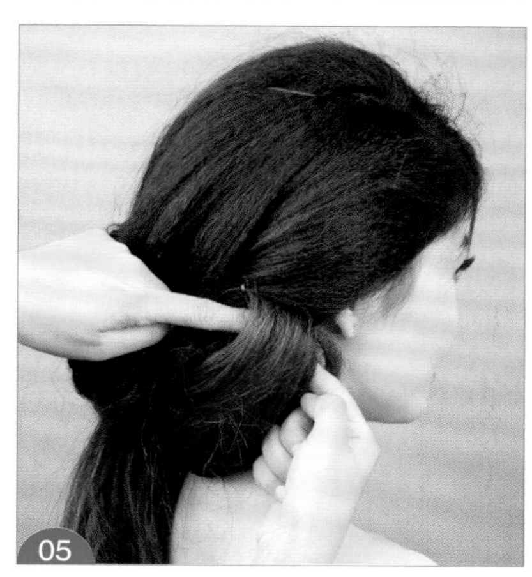

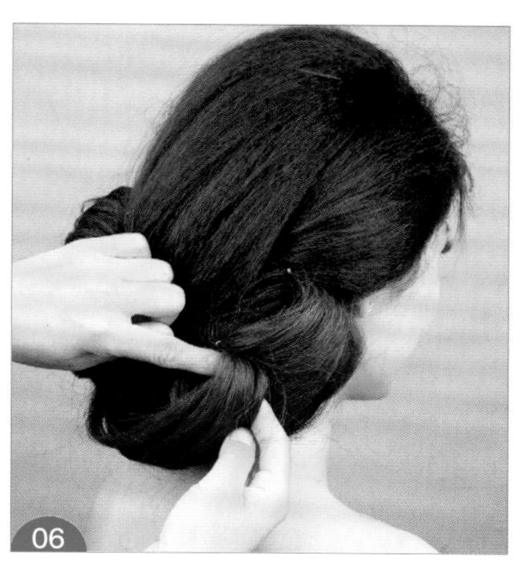

操作步骤

STEP 01 将一侧发区的头发自然扭转，在后发区底端固定。

STEP 02 将刘海区的头发整理平顺后用发卡固定。

STEP 03 将刘海区的头发向上翻卷后在后发区固定。

STEP 04 将刘海区的剩余发尾结合部分后发区的头发，向上翻卷并固定。

STEP 05 在后发区底端取头发，向造型一侧打卷并固定。

STEP 06 将剩余头发继续向上打卷并与之间的发卷衔接固定。

STEP 07 在造型一侧佩戴纱帽，点缀造型。

STEP 08 在造型另外一侧固定造型纱，固定的时候抓出褶皱和层次感。

STEP 09 继续向后固定造型纱，造型纱整体呈现立体的层次感。造型完成。

所用手法

① 打卷　② 上翻卷

造型重点

将侧发区的发尾与部分后发区的头发结合在一起翻卷，其目的是能使后发区一侧的轮廓更加饱满。要将头发梳理得干净通顺，不要出现明显的衔接感。

造型提示

有时为了方便造型，会用发卡进行比较明显的固定，如果造型结构无法掩饰发卡，要用饰品来掩饰。

Hairstyle and Makeup

绿色调妆容与造型

绿色的特性

绿色是由蓝色与黄色相加而得到颜色，根据黄色和蓝色所占比例的不同，以及加入黑色、灰色、白色的量而呈现不同的表现形式。常见的绿色有浅绿、深绿、墨绿等。大部分绿色能够带给我们希望、生机之感，是一种让人愉快的色彩。

绿色可呈现的色调感觉很多，可冷可暖，是一种非常灵活的色彩。例如，黄绿色显得很“温暖”，蓝绿色和碧绿色就显得有些“冷”；柠檬绿显得很潮、很时尚，橄榄绿显得平和，而淡绿色可以给人一种清爽的春天般的感觉。用蓝色搭配绿色可以给人一种水一样的感觉。在妆容中运用绿色的时候，要根据妆容的风格和需要做具体的调和。

绿色在森女新娘妆容中的应用

因为绿色有一些不确定性，所以选择绿色作为新娘妆容的色彩是要有所取舍的。一般森女新娘妆容讲究的是自然唯美的感觉，所以不会选择墨绿色等偏深暗的色彩来处理妆容，而是会选择浅淡柔和的绿色。绿色在唯美感的妆容中仅局限于作为眼妆色彩。下面我们来介绍几种绿色在森女新娘妆容中的色彩搭配方式供大家参考。

1. 绿色 + 裸透色

这种色彩搭配方式就是在眼妆中选择单一的绿色眼影，通过睫毛、眼线等细节处理表现精致眼妆。在选择绿色的时候，一般是选择浅绿色、黄绿色等淡雅柔和的绿色做自然晕染。腮红调和肤色即可。用裸色或透明色来表现自然的唇妆色彩。表现出来的整体妆容效果极其淡雅自然。

2. 绿色 + 蓝色 + 粉嫩色

绿色中含有蓝色的成分，所以用绿色和少量的蓝色相互融合会使眼影的渐进层次感更强。建议眼影的面积不要处理得过大，自然修饰即可。同时将用蓝色柔和之后的绿色与粉嫩色唇妆搭配在一起，也会使妆容更加柔和。

3. 绿色 + 浅金色 + 粉嫩色

浅金色与绿色搭配的眼妆会折射出自然亮泽的美感，同时浅金色还不会破坏绿色的色相，只会让眼妆更有品质，使眼影更加柔和。眼影用浅金色自然晕染即可，浅金色的用量不要过多，过于闪耀会不够柔美。将粉嫩色用于唇妆之上，可以提升肤色的红润感。

在用绿色处理妆容的时候，一定要考虑到腮红对肤色的调整，如果处理不当有可能使面色苍白或呈菜色，显得不健康。因为森女新娘的眼妆色彩要柔和，所以像墨绿色这种过深的颜色不宜采用。一般这种绿色在时尚妆或复古妆中会有应用，在这里不一一赘述。

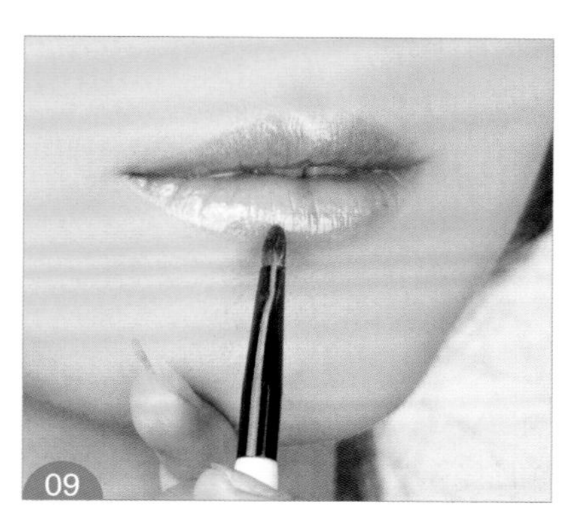

操作步骤

STEP 01 用浅淡清新的绿色眼影晕染在上眼睑，重点在上眼睑的后半段位置，面积不要过大。

STEP 02 在上眼睑位置涂抹珠光白色眼影，使眼妆更加清透、更具有立体感。

STEP 03 用水溶性眼线笔描画上眼线，眼线前宽后窄，眼尾上扬的幅度较大。

STEP 04 选择纤长型的假睫毛对上睫毛进行粘贴。

STEP 05 下眼睑从后眼尾向前粘贴 3~4 簇比较短的假睫毛。

STEP 06 用咖啡色眉粉将眉毛刷涂得自然柔和。

STEP 07 用灰色眉笔加深眉毛，并进行细节位置的描画。

STEP 08 斜向晕染棕红色腮红，调和肤色。

STEP 09 涂抹自然亮泽的唇彩来滋润唇部。

妆容风格解析

此款妆容的色彩搭配呈现大自然的清新之感，适合五官精致的女孩。睫毛及眼线的细致处理使妆容更加精致。在造型方面，搭配自然的编发及层次感盘发效果都非常理想。

妆容配色方案

此款妆容的色彩极其淡雅，眼妆采用清新的淡绿色与珠光白色相互搭配，腮红的棕红色及唇部的亮泽处理点到即可，不能破坏整体妆容的柔和美感。

妆容打造提示

此款妆容的眼线采用前宽后窄的处理方式，这种方式是为了使眼睛看上去形状更加圆润，增强清新可爱的美感。注意眼线的弧度要流畅，不要出现凸凹不平之感。

操作步骤

STEP 01　在后发区取部分头发，用三带一的形式编发。

STEP 02　斜向后发区的另外一侧编发，辫子要编得松散自然。

STEP 03　用三股辫编发的形式收尾并固定。

STEP 04　将一侧发区的头发用三带一的形式编发，编发要松散自然。

STEP 05　将刘海区的头发用三带一的形式向后编发。

STEP 06　将另外一侧发区的头发向后用三带一的形式编发。

STEP 07　继续向后编发，同时带入后发区的头发，用三股辫编发的形式收尾。

STEP 08　将收尾的位置向上扭转并固定，使所有的头发垂至造型一侧。

STEP 09　将几个辫子固定在一起，使其形成一个整体。

STEP 10　在辫子上点缀造型花，造型花固定的点是各个辫子的衔接点，这样可以使辫子的衔接感更好。造型完成。

所用手法

① 三带一编发　② 三股辫编发

造型重点

此款造型基本用编发形成造型结构。打造此款造型的时候要注意每个辫子的走向，否则编到最后可能会出现彼此之间不协调的现象，使造型不够自然。

造型提示

用小雏菊对造型进行点缀，迎合妆容的清新感及造型的自然感。注意用花朵点缀的时候应呈现不规则的状态。

操作步骤

STEP 01 将部分刘海区的头发和侧发区的头发用四股辫的形式编发。
STEP 02 将辫子固定在后发区的底端位置。
STEP 03 在辫子后方用三带一的形式编发。
STEP 04 继续向前编发，盖住部分之前的辫子，边编发边带入侧发区的头发。
STEP 05 收尾的位置用三股辫的形式编发。
STEP 06 用辫子盖住耳朵，在后发区底端的位置将其固定。
STEP 07 在耳后的位置取头发，向后用三带一的形式编发。
STEP 08 注意编发的角度和弧度，并保留一定的松散度。
STEP 09 继续向下以三带一的形式编发。
STEP 10 在后发区另外一侧取头发，以三带一的形式编发。
STEP 11 在编发的时候注意保持一定的松散感。
STEP 12 将两侧的辫子在底端固定在一起，注意底部收尾的要轮廓圆润。
STEP 13 在一侧后发区佩戴造型花，点缀造型，注意修饰辫子固定的位置。
STEP 14 在另外一侧佩戴造型花，点缀造型。

所用手法

① 四股辫编发
② 三带一编发

造型重点

打造此款造型的时候要注意辫子的叠加和编发的角度，尤其是刘海位置的辫子的叠加。编第二条辫子的时候要比编第一条辫子留出更大的空间感。

造型提示

造型花的点缀在后发区形成彼此呼应的感觉，所以佩戴的时候要有主次之分，并注意观察每个角度的造型效果，使整体造型更能体现柔美感。

操作步骤

STEP 01 将一侧发区的头发打毛，增加发量和衔接度。

STEP 02 将打毛好的头发向造型另外一侧收拢。

STEP 03 在后发区一侧取两片头发，准备编发。

STEP 04 注意在编发的时候保留一定的松散度，使辫子更加自然。

STEP 05 采用鱼骨辫的形式继续向另外一侧编发，一边编发一边调整角度。

STEP 06 编好辫子并收尾。将刘海区的头发向下扣转并固定。

STEP 07 用尖尾梳调整剩余发尾的层次感。

STEP 08 在刘海区与侧发区分区的位置佩戴造型花，点缀造型。

STEP 09 在另外一侧佩戴造型花，点缀造型。

STEP 10 在辫子收尾的位置佩戴造型花，点缀造型，掩饰收尾位置的发卡。造型完成。

所用手法

① 鱼骨辫编发　② 倒梳

造型重点

刘海区的头发与辫子的衔接应呈现自然的层次感。辫子的带入要自然松散，不要过于紧绷。

造型提示

三点定位的花朵饰品佩戴方式很适合侧垂式的辫子造型。额角位置的花朵是主体，刘海后的花朵与其相互呼应，辫子底端的少量花朵又与刘海后的花朵呼应。

操作步骤

STEP 01　将后发区的头发向上固定，塑造造型的支撑点。

STEP 02　将后发区一侧的头发向上提拉，扭转并固定。固定要松散、自然。

STEP 03　继续向上提拉一片后发区的头发并将其固定。

STEP 04　将侧发区的头发向后扭转并固定。

STEP 05　将一侧造型的所有剩余头发向头顶位置固定。

STEP 06　用尖尾梳对头发的层次感进行调整。

STEP 07　将刘海区的头发用移动式倒梳的方式处理，增加造型的层次感。

STEP 08　将另外一侧的头发向上固定。

STEP 09　用尖尾梳调整整体头发的层次感。

STEP 10　用手撕拉头发，使其呈现更好的层次感。为头发喷胶定型。

STEP 11　在额头位置佩戴造型花，点缀造型。

STEP 12　在另外一侧佩戴造型花，点缀造型。造型完成。

所用手法

① 移动式倒梳

② 撕发

造型重点

此款造型从外观上看结构是单一的，但打造这种感觉的造型并不简单。要特别注意对轮廓感和层次感的把握，发丝呈现的是乱而有序的感觉，不是杂乱无章的感觉。

造型提示

此款造型的饰品以香槟色玫瑰花为主，白色玫瑰花作为点缀。搭配凌乱自然的造型，呈现出了森女造型的自然感和唯美感。

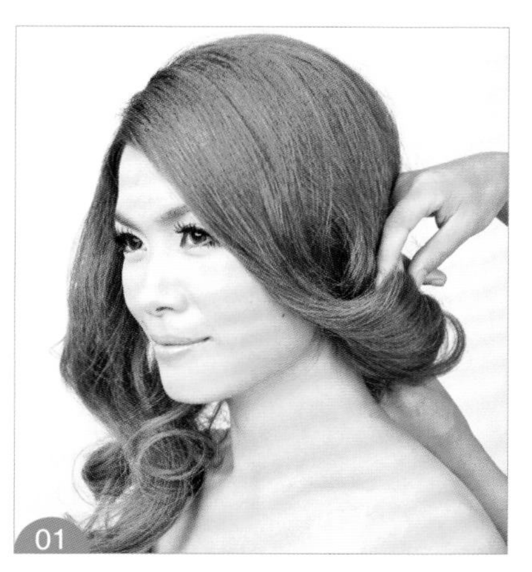

操作步骤

STEP 01 将刘海区连同一侧发区的头发在造型一侧向上翻卷并固定，翻卷的角度斜向后发区的方向。

STEP 02 在第一个翻卷后方继续取头发，向上翻卷。注意固定的牢固度。

STEP 03 从后发区取头发，向上翻卷造型。注意固定的牢固度。

STEP 04 在另外一侧将侧发区的头发处理伏贴，向上弯转出弧度并固定。

STEP 05 将固定好的头发的发尾回旋并继续打卷，形成连续的弧度。

STEP 06 在后发区取一片头发，固定在之前完成的弧度下方并将其整理出弧度感。

STEP 07 将后发区的剩余头发向造型一侧扭转并固定。

STEP 08 固定好之后用剩余发尾打卷并固定牢固。

STEP 09 在头顶位置佩戴羽毛白纱饰品，点缀造型，造型完成。

所用手法

① 打卷　② 上翻卷

造型重点

此款造型的重点是卷与卷之间及弧度与弧度之间的衔接。因为固定的点基本都是悬空的，所以每一次固定都要牢固，否则整个造型会很容易散落。

造型提示

羽毛饰品刚好符合森女造型的风格特点，适合搭配俏皮感的打卷造型。

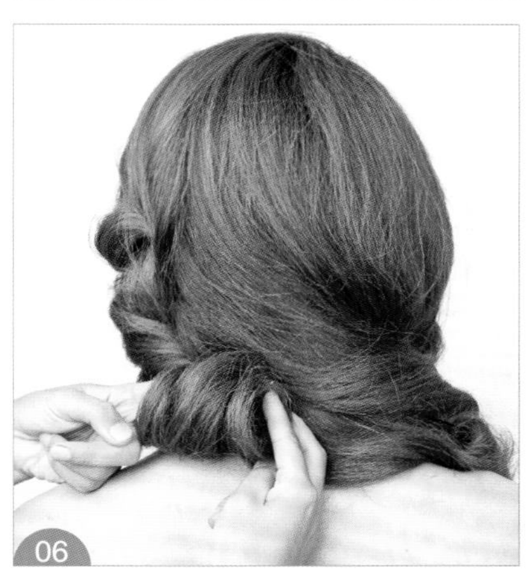

操作步骤

STEP 01 将一侧的头发顺着卷发的弧度向前翻转。

STEP 02 翻卷好头发的弧度之后将发尾打卷。

STEP 03 将打好的卷固定牢固，使其保持在造型一侧。

STEP 04 将刘海区的头发进行上翻卷造型并固定牢固。

STEP 05 将剩余的头发继续向后连续翻卷并用尖尾梳调整其层次感。

STEP 06 在收尾的位置将发尾打卷并固定牢固。

STEP 07 在头顶一侧佩戴造型花，点缀造型。造型完成。

所用手法

① 上翻卷　② 打卷

造型重点

打造此款造型时，手法不宜过紧，要将每个弧度自然地摆出并固定，生硬地提拉及固定会使造型显得过于死板。

造型提示

造型花点缀的位置刚好是刘海区与侧发区的分界线位置，可起到烘托主题、画龙点睛的作用。

操作步骤

STEP 01 将刘海区的头发中分，将一侧发区的头发用三带一的形式向后编发。

STEP 02 边向后编发边带入侧发区及后发区的头发，注意编发的提拉角度，不要编得过于死板。

STEP 03 将另外一侧的头发用三带一的形式向后编发，边编发边带入侧发区和后发区的头发。

STEP 04 在辫子内侧继续取头发，用三带一的形式编发，两条辫子形成平行感。

STEP 05 另外一侧用同样的形式取头发编发。

STEP 06 辫子收尾的位置可以用三股辫编发的形式固定。

STEP 07 将剩余头发采用三股辫的形式编发。

STEP 08 注意辫子越靠下编得越紧。

STEP 09 将辫子左右相互叠加在后发区底端并固定。

STEP 10 收尾之后，后发区呈现饱满的轮廓感。

STEP 11 在头顶位置佩戴花朵发卡，点缀造型。造型完成。

所用手法

① 三带一编发　② 三股辫编发

造型重点

此款造型以后发区为中心，将两侧的头发以层次编发的形式编向后发区，最后用辫子相互叠加，形成后发区的盘发效果。要注意两侧辫子的均匀度，不要编得过于紧绷。

造型提示

此款造型的感觉比较端正，所以饰品的佩戴也比较端正，如果处理不当会使造型失衡。

操作步骤

STEP 01 将刘海区的头发向上扭转，用尖尾梳调整其饱满度并固定。

STEP 02 从一侧发区分出一片头发，向上扭转并固定。

STEP 03 将一侧发区的剩余头发向上提拉，扭转并固定。

STEP 04 将另外一侧发区的头发用四股辫的形式向后编发，要保留一定的松散感。

STEP 05 将编好后的头发向上扭转并固定出空间层次感。

STEP 06 做好细节位置的固定，以便处理接下来的编发。

STEP 07 在造型另外一侧用三带一的形式编发。

STEP 08 为编好的辫子收尾并固定。

STEP 09 将辫子向前推并固定，注意辫子垂落的角度要自然。

STEP 10 在没有辫子的一侧佩戴造型花，点缀造型。

STEP 11 在另外一侧造型结构的衔接处佩戴造型花，点缀造型。造型完成。

所用手法

① 三带一编发

② 四股辫编发

造型重点

此款造型将两次编发都进行了扭转，所以在编发的时候就要为扭转留出一定的空间，否则无法实现。

造型提示

花朵饰品的佩戴在左右两侧形成不对称的呼应，这种呼应是很有必要的。如果辫子的位置不佩戴造型花会有缺失感；而如果额角位置不佩戴造型花会使造型单调，同时造型也不够饱满。

操作步骤

STEP 01 在后发区底端取头发，向上用三带一的形式编发。

STEP 02 继续向上编发，边编发边带入侧发区的头发。

STEP 03 继续向上编发，边编发边带入部分刘海区的头发。要保留部分刘海区的头发。

STEP 04 继续以三带一的形式编发，编至造型的另外一侧。

STEP 05 继续向后编发，辫子要提拉出一定的空间感。

STEP 06 将辫子编至后发区的底端，进行收尾。

STEP 07 将辫子收尾并固定。

STEP 08 将剩余头发继续用三带一的形式编发。

STEP 09 将编好的辫子调整出一定的弧度并固定。

STEP 10 将刘海区保留的部分头发进行打毛处理，增加蓬松感和衔接度。

STEP 11 用尖尾梳将头发向后梳理，将表面梳理光滑。

STEP 12 将头发盖住第一条辫子并固定。

STEP 13 在后发区的造型结构空隙位置佩戴大朵的造型花，点缀造型。

STEP 14 在造型空隙处佩戴小朵的造型花，点缀造型。造型完成。

所用手法

① 三带一编发

② 倒梳

造型重点

此款造型的重点的是第一条辫子的编发，从后发区开始又回到后发区，这有一定的难度。在编发的时候操作者不能站在原地，要随着编发的角度调整自己的位置。

造型提示

此款造型的饰品采用大朵玫瑰与小朵菊花相互搭配，统一的饰品材质丰富了造型。在造型的时候，饰品样式如果较多，一定要有主次之分，否则造型会显得凌乱而无美感。

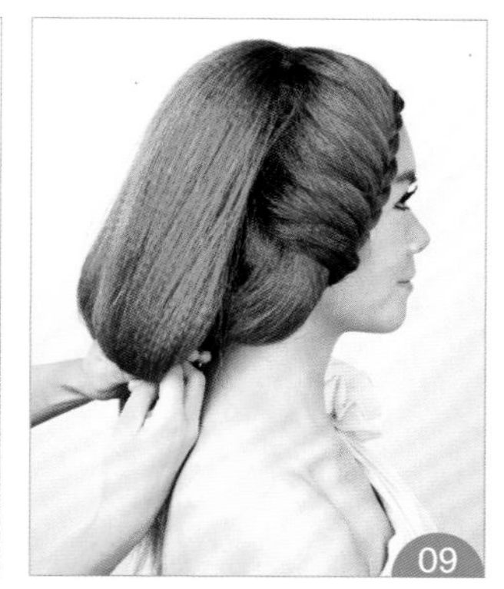
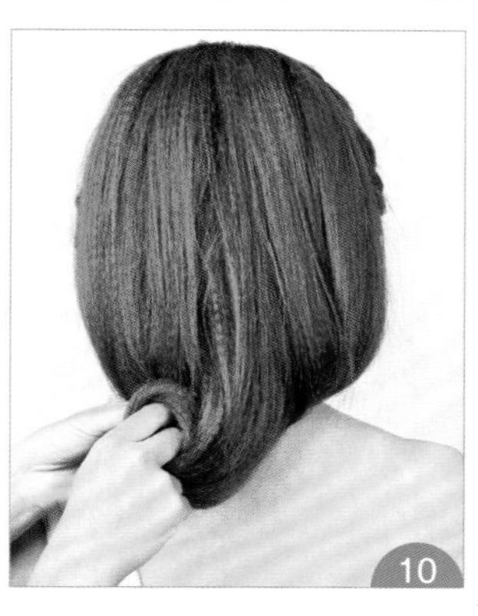
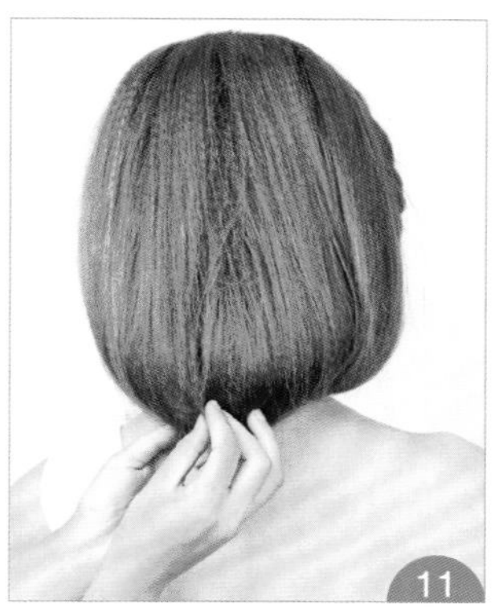

操作步骤

STEP 01 将刘海中分，将造型一侧的头发用三带一的形式编发。

STEP 02 将编好的辫子绕过剩余侧发区的头发，固定在后发区。

STEP 03 在造型另外一侧用三带一的形式编发。

STEP 04 编发要伏贴地盖住额头及颞骨的位置。

STEP 05 将编好的辫子绕过侧发区剩余的头发，同样固定在后发区。

STEP 06 将侧发区的头发盖住辫子盘绕的空隙处并向后固定。

STEP 07 造型另外一侧用同样的方式操作。

STEP 08 将后发区剩余的部分头发向下扭转并固定。

STEP 09 另外一侧用同样的方式处理。

STEP 10 将后发区中间剩余的头发打卷，向内扣并固定。

STEP 11 调整后发区的轮廓感，使其饱满圆润。

STEP 12 在头顶位置佩戴花朵发饰。

STEP 13 在发饰前佩戴三个珍珠发卡，作为装饰。造型完成。

所用手法

① 三带一编发

② 打卷

造型重点

打造此款造型要注意刘海位置的辫子的伏贴度，要在编辫子的同时调整角度，使其更加伏贴。

造型提示

珍珠发卡与花朵饰品组合成花朵皇冠的感觉，搭配端正感的编盘发造型，形成森林公主般的美感。

操作步骤

STEP 01　用尖尾梳将刘海区的头发整理出层次感。

STEP 02　将部分侧发区的头发在刘海后方的头顶位置固定，并将其整理出一定的纹理感和层次感。

STEP 03　继续将侧发区的剩余头发向上整理出层次感。

STEP 04　将后发区的部分头发向上提拉并自然固定。

STEP 05　在头顶位置用头发做出一个固定头发的基座。

STEP 06　将另外一侧发区的头发连同部分后发区的头发向上固定。

STEP 07　用移动式倒梳的形式将后发区的头发分片打毛。

STEP 08　将后发区的头发向上提拉并固定。

STEP 09　整理好头发的层次感，在造型上间隔佩戴一圈小花，点缀造型，并用发丝对其进行修饰。造型完成。

所用手法

① 倒梳　② 移动式倒梳

造型重点

要把握每一片头发的摆放及层次。头发的提拉摆放要松紧适度，并留出一定的空间感，可局部打毛并调整层次。

造型提示

小花的环绕点缀形成花环的效果，带有森林仙子般的美感。不要选择大朵花朵，否则会让造型失去原有的美感。

操作步骤

STEP 01 将刘海区的头发分出，将一侧发区及后发区的部分头发在后发区做上翻卷。

STEP 02 注意翻卷的弧度和角度，保留出一定的空间感。

STEP 03 将另外一侧发区及后发区的头发以尖尾梳为轴向上翻卷。

STEP 04 固定的点在后发区，注意翻卷的弧度。

STEP 05 将刘海区的头发打毛，增加发量和衔接度，将表面梳理光滑并向下扣卷。用尖尾梳调整表面的光滑度。

STEP 06 在向下扣转的时候注意对饱满度的控制，并且保证整体造型不脱节。

STEP 07 将刘海区的头发固定，注意固定的牢固度。

STEP 08 在造型一侧佩戴造型花，点缀造型。

STEP 09 在刘海下方佩戴造型花，点缀造型，造型完成。

所用手法

① 上翻卷 ② 下扣卷

造型重点

此款造型的重点是刘海位置的造型结构，为了让头发的衔接度更好，可以对其适当喷胶。

造型提示

造型花对空隙的点缀使造型在每个角度都更加完美。配合妆容的淡雅感花朵更能烘托出柔和唯美的效果。

Hairstyle and Makeup

黄色调妆容与造型

黄色的特性

黄色作为三原色之一，在化妆的色彩运用中能起到很重要的作用。黄色属于暖色，有大自然、春天、阳光的含义，通常被认为是快乐、有希望的色彩。然而在化妆中，黄色并不是一个容易处理的色彩，也不是一个有代表性的流行色。

黄色是一种色相非常不稳定的颜色，在与其他色彩搭配的时候，自身的色相会有所改变。然而也正是这样的特性，让黄色可以和很多色彩很好地调和搭配。

黄色在森女新娘妆容中的应用

黄色因其本身的色彩属性关系，在唯美的妆容造型中一般作为过渡调和的色彩。如果想在妆容中充分地表现这一色彩，可用其他色彩作为修饰色，使其达到更好的效果。下面我们来介绍几种黄色在新娘森女妆容中的色彩搭配方式。

1. 黄色 + 绿色 + 粉红

用黄色与绿色相互搭配完成眼妆的色彩，以黄色作为眼妆的主色调，用绿色作为局部的细节修饰，使眼妆的立体感更强。并且要搭配细致的睫毛和眼线，这样更能体现出妆容的精致感。粉红色可作为唇妆及腮红的色彩使用。这样妆容的整体色彩感会更强，不会因为眼妆的色彩而缺少红润气色。

2. 黄色 + 蓝色 + 玫红色

黄色可以与蓝色相互搭配完成眼妆，两者搭配可以采用上下眼睑分开晕染的方式，如上眼睑选择黄色晕染，下眼睑选择少量蓝色作为小面积晕染，这样可以使眼妆的色彩更加丰富。一般采用这种方式搭配的时候，眼线都处理得极其自然，睫毛也处理得非常细致。玫红色可以作为唇妆色彩。这样的搭配极具大自然的绚烂美感。

3. 黄色 + 红色 + 蓝色

黄色与红色、蓝色相互搭配一般有段式搭配法及对比搭配法。段式搭配法的意思是将红色晕染于眼头位置，将蓝色晕染于眼尾位置，因为黄色作为主色调，所以这两种色彩的晕染面积都比较小，主要起到修饰作用，将黄色在中间晕染，作为两种色彩之间的过渡。对比搭配法是将红色或蓝色作为黄色的修饰色，在上眼睑晕染，呈现更多的色彩过渡效果，下眼睑的位置用剩余的颜色做自然修饰。这种色彩搭配方式使眼妆呈现亮丽绚烂的效果，而唇妆都处理得极其自然，如采用裸色、透明色等。

黄色在妆容中的运用还有很多其他的方式，例如，在时尚妆容中将黄色作为眼妆色彩，搭配黑色唇妆，极具视觉效果。我们在这里所讲的是黄色作为主色调在唯美妆容中的应用，其他方式在这里不一一赘述。

操作步骤

STEP 01 选择铅质眼线笔描画眼线，眼尾适当上扬，增加妩媚感觉。

STEP 02 下眼线的描画集中在眼睑的后半段，同样用铅制眼线笔描画，与上眼睑的眼线相互衔接。

STEP 03 在重点位置晕染饱和度不高的绿色眼影，增加眼妆立体感。

STEP 04 在上眼睑大面积晕染黄色眼影自然过渡。

STEP 05 在下眼睑粘贴自然的假睫毛，假睫毛要一根根地粘贴上去，这样显得更加自然。

STEP 06 用水溶性眼线笔勾画内眼角位置的眼线，比铅制眼线笔更容易掌握，并且更干净。

STEP 07 在眼尾的位置局部用水溶性眼线笔加深色彩，要与其他位置的眼线自然过渡。

STEP 08 在下眼睑用白色眼线笔将黑色眼线的内部及靠近内眼角的位置填满，这样可以使眼妆更加立体、干净。

STEP 09 在眉毛的眉头位置适当晕染一点黄色的眼影，这样可以使眉毛更加柔和，增加年轻感。

STEP 10 用灰色眼线笔一根根描画眉毛的细节，眉形平缓自然，前宽后窄，色彩不要过重。咖啡色眉粉可使眉毛更加自然。

STEP 11 选择偏橘红色的腮红以扇形晕染，使面色更加清透柔和。

STEP 12 在唇部涂抹粉红色的亮泽唇膏，然后适当涂抹透明的唇彩，使唇部更具备亮泽感。

妆容风格解析

森女风格的新娘妆容更注重细节处理。此款妆容整体呈现清新、浪漫、柔美的感觉，眼线的妩媚感画法与睫毛的细致处理使妆容更加唯美。此款妆容适合搭配材质柔和的饰品及花朵饰品。

妆容配色方案

眼妆的主色是黄色，但黄色单独使用难以使眼妆立体，所以加入少许饱和度低的绿色，在睁开眼睛的时候不改变眼妆的整体效果，又使眼妆更加立体。粉红色的亮泽感唇膏可使妆容的色彩感更丰富，整体呈现更加柔美的感觉。

妆容打造提示

下睫毛的粘贴要注意次序感及两边的对称度。在粘贴的时候要细致观察，参差不齐的睫毛会让妆容看上去不够精致。

操作步骤

STEP 01 在造型一侧用间隔式编发的方式斜向后编发。

STEP 02 将侧发区的部分头发向后发区方向做上翻卷并固定在后发区。

STEP 03 将侧发区的剩余头发继续向上翻卷并固定在后发区。

STEP 04 将刘海区的少量头发进行三股辫编发。

STEP 05 继续向后进行间隔编发并将其固定。

STEP 06 将侧发区的剩余头发向上翻卷，用尖尾梳调整出一定弧度后固定在后发区。

STEP 07 在后发区提拉部分头发并将其自然向上固定。

STEP 08 另外一侧用同样的方式操作。在后发区取部分头发，向上收短并固定出层次感。

STEP 09 将剩余垂落的头发用中号电卷棒进一步烫卷。

STEP 10 在后发区佩戴造型花，点缀造型。

STEP 11 在造型花中间拉出头发的发丝。

STEP 12 将发丝整理出层次感，继续佩戴造型花，掩盖拉出头发的位置。造型完成。

所用手法

① 间隔编发
② 电卷棒烫发
③ 上翻卷

造型重点

此款造型在操作的时候要注意编发的随意感，以及上翻卷的空间感、自然感，否则会显得生硬。

造型提示

花朵饰品的点缀使造型更具备森女气息。将造型花与发丝相互穿插搭配，使造型的自然感更强。

操作步骤

STEP 01 用中号电卷棒以后翻的方式为头发烫卷。

STEP 02 用气垫梳将烫好的头发梳理通顺，使其更具备蓬松的自然感。

STEP 03 将后发区底端的头发向上翻卷并固定。

STEP 04 可多翻卷几次，用十字交叉卡固定，使其更加牢固。

STEP 05 将卷发调整出一定的纹理感，使其更加柔美。

STEP 06 为头发喷胶定型，喷胶要到位，注意遮挡面部。

STEP 07 在侧面佩戴粉嫩的小花朵，点缀造型，注意固定要牢固。

STEP 08 继续向后佩戴造型花，点缀造型。造型花的色彩要互相穿插，造型完成。

所用手法

① 电卷棒烫卷　② 上翻卷

造型重点

打造此款造型时要注意侧垂的卷发的波浪纹理感。喷胶定型之后可以适当用尖尾梳将发丝整理得更通顺、自然。

造型提示

在正面以卷发的纹理制造柔美效果。选择小朵装饰花固定成一排，可使造型更加柔美而又不抢夺重点。

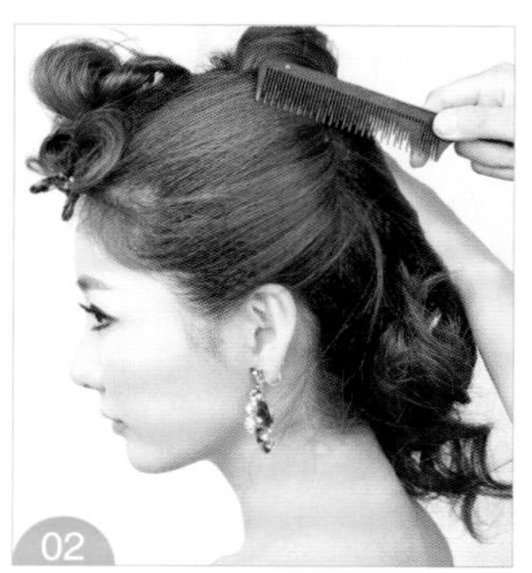

操作步骤

STEP 01 将一侧发区的头发向后扭转并固定，用尖尾梳将表面梳理干净。

STEP 02 另外一侧发区用同样的方式操作。

STEP 03 将顶发区的头发向上提拉，扭转并固定。

STEP 04 将后发区一侧的头发斜向上扭转并固定。

STEP 05 将后发区另外一侧的头发斜向上扭转并固定。

STEP 06 调整顶发区、两侧发区及后发区剩余发尾的层次感。

STEP 07 将刘海区的头发向上提拉并自然扭转。

STEP 08 将刘海区的头发向下扣卷并固定。

STEP 09 用小号电卷棒将表面的部分头发烫卷。

STEP 10 佩戴造型花，装饰造型。造型完成。

所用手法

① 下扣卷造型　② 电卷棒烫发

造型重点

在造型的时候，注意将顶发区、两侧发区及后发区的发尾用隐藏式发卡固定出饱满的轮廓，然后用尖尾梳调整层次，使其形成一个整体。

造型提示

此款造型浪漫柔美。刘海区的扣卷不要过于死板，要呈现蓬松自然的感觉，否则会看上去造型的整体感欠佳。

操作步骤

STEP 01 将刘海区的头发分出，在一侧发区取部分头发，用三带一的形式向后编发。

STEP 02 边编发边改变编发的走向，并带入侧发区的剩余头发。

STEP 03 继续带入头发并向后发区的方向编发。

STEP 04 将编好的头发在后发区固定，固定要牢固。另外一侧以同样的方式编发。

STEP 05 将顶区和后发区的部分头发打毛并把表面梳理光滑，在后发区做下扣卷。

STEP 06 下暗卡固定，固定要牢固，弧度要圆润。

STEP 07 将一侧剩余的头发打毛并梳光表面，斜向后打卷并固定。

STEP 08 固定的时候注意收好轮廓，并与之前的固定相互衔接好。

STEP 09 将另外一侧剩余的头发打毛后梳光表面。

STEP 10 将梳理好的头发斜向打卷并固定，与后发区的造型结构相互衔接。

STEP 11 调整造型结构之间的衔接度并将其固定得更加牢固。

STEP 12 将刘海区的部分头发以三带一的形式向后编发。

STEP 13 继续向后进行三带一编发并带入刘海区的剩余头发。

STEP 14 将编好的头发在头顶的位置固定。

STEP 15 在头顶位置佩戴小花发卡饰品，在小花饰品前后分别佩戴珍珠发卡饰品，点缀造型。造型完成。

所用手法

① 三带一编发

② 下扣卷

造型重点

打造此款造型时，要注意辫子收尾位置的固定和隐藏。两侧的编发固定在后发区后，用下扣的头发遮盖，刘海区的编发则用发饰进行遮盖。

造型提示

此款造型在用花朵饰品装饰的同时搭配了珍珠发卡饰品，两种饰品的质感都比较柔和，能很好地结合在一起。

01

02

03

04

05

06

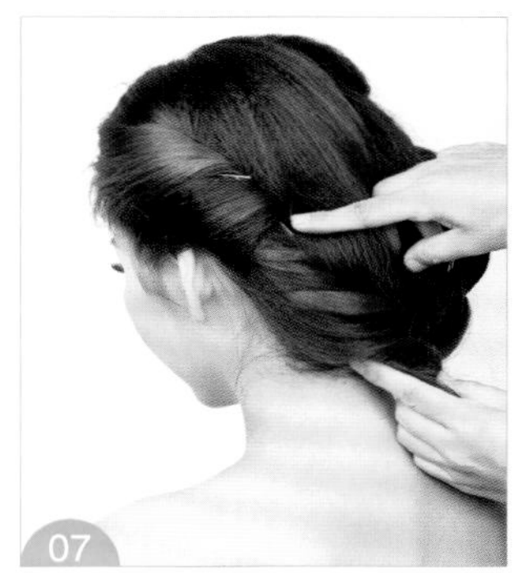
07

08

09

10

11

操作步骤

STEP 01 将刘海区的头发向上翻卷造型，注意固定用的发卡要隐藏好。

STEP 02 将发尾继续打卷，使其形成连环卷的效果。

STEP 03 将侧发区的头发向上翻卷造型并用手调整出弧度感，之后固定。

STEP 04 将后发区的部分头发向上翻卷，之后将其固定。

STEP 05 将后发区剩余的头发向上推并固定在之前打卷的下方。

STEP 06 将头发向上打卷并固定。

STEP 07 将另外一侧的头发用两股辫的形式向后编发。

STEP 08 继续向后编发并固定，将头发带到后发区的另一侧。

STEP 09 将剩余的发尾在后发区打卷并固定牢固。

STEP 10 在额角的空缺位置佩戴造型花，点缀造型并适当遮挡额头位置。

STEP 11 在另外一侧佩戴造型花，点缀造型。造型完成。

所用手法

① 上翻卷

② 两股辫编发

造型重点

打造此款造型时要注意卷与卷之间的衔接，用造型花调整造型两侧的平衡感并修饰造型不饱满的位置。

造型提示

此款造型采用粉色的小体积造型花点缀，增加造型的柔美感。佩戴在上额角位置的造型花是主体，另外一侧的造型花起点缀呼应作用。

操作步骤

STEP 01 将刘海区的头发向后梳理，使其表面光滑干净。

STEP 02 将刘海区的头发扭转后下发卡固定。

STEP 03 分出两片头发，在后发区准备编发。

STEP 04 用鱼骨辫的形式将顶区及后发区的头发编发。

STEP 05 继续向下编发，用三股辫编发的形式收尾。

STEP 06 将辫子收尾的位置内扣并固定。

STEP 07 将一侧发区的头发向后进行旋转式打毛。

STEP 08 将另外一侧的头发向后进行旋转式打毛。

STEP 09 将两侧的头发在后发区的底端固定。

STEP 10 在额头位置佩戴花环，点缀造型。造型完成。

所用手法

① 旋转式打毛　② 鱼骨辫编发

造型重点

打造此款造型要注意两侧发区的旋转式打毛的层次感和对称性，两边应保持基本一致，并用尖尾梳的尖尾将其调整出层次感。

造型提示

头顶佩戴的花环形饰品修饰了人物的发际线位置，另外这种佩戴方式可使造型具有端庄的柔美感。此款造型是新娘森女造型的经典款式。

操作步骤

STEP 01 将刘海区的头发向上提拉并扭转，用尖尾梳调整出一定的层次感。

STEP 02 将调整好的头发旋转成涡旋状并使其表面具有层次感。

STEP 03 将一侧发区的头发向后提拉并向下扭转，固定在顶区的位置。

STEP 04 将另一侧发区的部分头发向上提拉并固定在刘海的后方。

STEP 05 将侧发区的剩余头发及部分后发区的头发分左右两侧向上扭转并固定，将发尾留到顶区位置。用尖尾梳调整其层次感。

STEP 06 将后发区的剩余头发向上提拉并扭转，使其形成扭包效果并固定。

STEP 07 在头顶位置佩戴造型花，点缀造型。

STEP 08 在造型层次感弱的一侧固定绿叶，点缀造型。

STEP 09 在绿叶之上佩戴造型花，点缀造型。造型完成。

所用手法

① 扭包　② 倒梳

造型重点

此款造型的重点在头顶，注意对层次感的把握。可以利用尖尾梳倒梳，并用尖尾梳的尖尾调整其层次。

造型提示

此款造型的花朵饰品有白色、绿色和玫瑰花苞的红色，既满足了色彩的丰富性，又使整体造型更有生机感。

操作步骤

STEP 01 将造型两侧留出的发丝用电卷棒烫卷。

STEP 02 将一侧发区的头发分片向上提拉，扭转并固定在头顶的位置。

STEP 03 将刘海区的头发向上提拉，扭转并将其固定在头顶的位置。

STEP 04 继续将另外一侧发区的头发分片向上提拉，扭转并固定在头顶的位置。

STEP 05 提拉侧发区的剩余头发，向头顶位置扭转并固定。

STEP 06 将后发区一侧的部分头发向后发区做下扣卷并固定，呈斜向扣转。

STEP 07 将剩余发尾向上打卷。

STEP 08 将后发区另外一侧的部分头发做下扣卷并固定，两边的固定要衔接在一起。

STEP 09 下发卡将两边的头发收紧并固定。

STEP 10 将剩余头发打卷并固定。

STEP 11 在刘海区和侧发区扭转发片的缝隙位置连排固定小造型花，点缀造型。

STEP 12 在后发区的造型结构衔接处佩戴造型花，点缀造型。造型完成。

所用手法

① 下扣卷

② 电卷棒烫发

造型重点

此款造型的重点是两侧留出的卷曲发丝。注意烫卷自然，并且每一侧的两片头发是从不同的点分出的，这样才能更有层次感。

造型提示

头顶位置的造型花不仅修饰了造型缝隙，还使两边烫卷发丝的衔接度更好，彼此相互呼应。

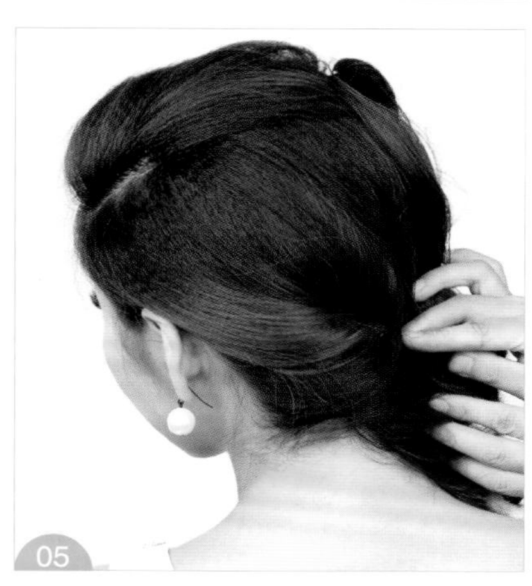

操作步骤

STEP 01　将刘海区的头发向上翻卷并用尖尾梳调整其弧度感。

STEP 02　将一侧发区的头发向上翻卷并固定。

STEP 03　将发尾甩至后发区，固定并调整其层次感。

STEP 04　将另外一侧发区的头发向后发区、向下扭转并固定。

STEP 05　将后发区一侧底端的头发向上扭转并固定。

STEP 06　将发尾收至后发区的另外一侧并调整层次感，下隐藏式发卡将其固定。

STEP 07　在造型结构的衔接处佩戴大朵造型花，点缀造型。造型完成。

所用手法

① 上翻卷　② 隐藏式固定

造型重点

打造此款造型的时候要注意刘海翻卷的弧度感，不要处理得过于伏贴，而是要有立体的空间感。

造型提示

此款造型的花朵饰品佩戴在前后结构交接处。在修饰造型时，大朵香槟色玫瑰更具有森女的浪漫情调。

操作步骤

STEP 01 将刘海区及一侧发区的头发拉至造型一侧，向上翻卷造型并固定。

STEP 02 将后发区一侧的头发向上翻卷造型，与刘海区头发的发尾相互衔接。

STEP 03 调整卷的层次和结构，注意固定的角度。

STEP 04 将另外一侧发区的头发在后发区向上翻卷。

STEP 05 翻卷的时候要保留一定的空间感，固定的位置斜向后。

STEP 06 将后发区的剩余头发进行打毛处理，增加发量和头发的衔接度。

STEP 07 将后发区的剩余头发向上翻卷并固定。

STEP 08 在头顶位置佩戴三支珍珠发卡。

STEP 09 在珍珠发卡一侧佩戴造型花，点缀造型。

STEP 10 在珍珠发卡另外一侧佩戴造型花，点缀造型。造型完成。

所用手法

① 上翻卷　② 倒梳

造型重点

打造此款造型时要注意头发翻卷的弧度和角度，并保留一定的空间感。处理不当会使造型前后脱节。在造型的时候要注意观察正面的轮廓感，并调整可能存在的问题。

造型提示

此款造型将珍珠发卡和花朵两种饰品组合成整体，形成花朵发卡的效果。不要选择过大的花朵，那样会与造型不协调，失去森女造型自然柔美的感觉。

01

02

03

04

05

06

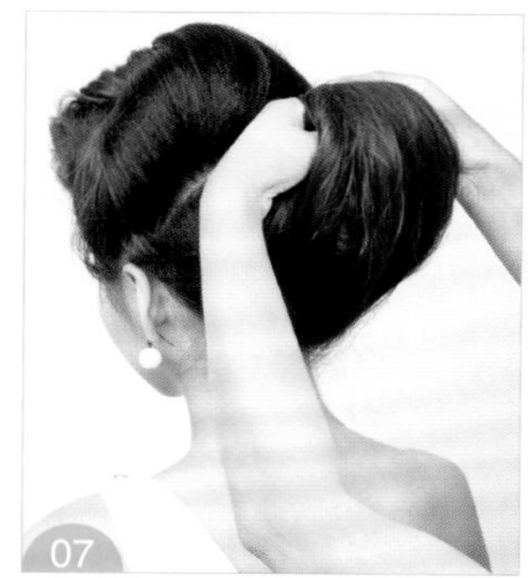
07

08

09

10

11

操作步骤

STEP 01　将刘海区的头发从两侧收至一起后向前推，使其形成隆起的形状。

STEP 02　将弧度固定，固定要牢固，使其保持隆起的状态。

STEP 03　将发尾收至一侧后整理出层次感。

STEP 04　将侧发区、顶区及后发区的部分头发分出后倒梳，衔接在一起，向上翻卷并固定，尽量将头发提拉出一定的高度。

STEP 05　在固定的时候注意两侧要收紧，不要出现松散的感觉。

STEP 06　将后发区的剩余头发边向上提拉边倒梳，使发量更多，衔接度更好。

STEP 07　将头发尽量向上提拉并翻卷，注意收紧两侧的头发。

STEP 08　将头发固定，注意要固定牢固，两边不要松散。

STEP 09　在刘海一侧佩戴多色的小花，点缀造型，修饰额头位置的空缺。

STEP 10　在另外一侧佩戴小花，点缀造型。

STEP 11　在刘海后方的头顶位置佩戴多色的小花，点缀造型。造型完成。

所用手法

① 上翻卷

② 移动式倒梳

造型重点

此款造型操作难度较大。因为要将多发区的头发结合在一起造型，所以要注意头发的收拢和固定的牢固度。

造型提示

此款造型本身已经很饱满，采用多色的小花进行点缀，山花烂漫的感觉更具有森林般的气息。

操作步骤

STEP 01 将顶区的头发从后方下发卡，向前推出隆起的状态。为了让造型更牢固，可以采用连排发卡固定。

STEP 02 固定好之后将后发区一侧的头发向上翻卷并在后发区固定。

STEP 03 将后发区另外一侧的头发向上翻转并固定。

STEP 04 将后发区剩余的头发打毛，增加发量及衔接度。

STEP 05 将后发区的头发尽量向上提拉，将发尾隐藏好后固定。

STEP 06 将一侧发区的头发向后提拉，在后发区打卷。

STEP 07 将另外一侧发区的头发向后提拉，在后发区打卷。

STEP 08 将一侧刘海的头发在侧发区位置摆出一个波纹效果。

STEP 09 将波纹效果固定后继续向上做一个打卷，将其固定。

STEP 10 将另外一侧刘海带至造型另一侧，下隐藏式发卡对其做局部固定。

STEP 11 向前推出一个波纹效果，将发尾打卷并固定。

STEP 12 在一侧刘海收尾的位置佩戴造型花，点缀造型。

STEP 13 在另外一侧佩戴网眼纱，点缀造型。

STEP 14 在网眼纱上佩戴造型花，在网眼纱后方佩戴大朵造型花，点缀造型。

STEP 15 在后方佩戴造型花，点缀造型，修饰后发区外露的发卡。造型完成。

所用手法

① 上翻卷
② 手摆波纹

造型重点

此款造型运用的手法很多，要注意的是两侧刘海的波纹效果的处理，波纹不要处理得过于伏贴死板，保留一定的空间感会更加优美，并能适当对脸形产生修饰作用。

造型提示

纱和花是森女造型的主要饰品，在此款造型中将两种饰品相互结合在一起，更能体现森女造型的主题思想。

Hairstyle and Makeup

橙色调妆容与造型

橙色的特性

在自然界中，橙子、玉米、鲜花、霞光、彩灯，都有橙色。橙色明亮、华丽、健康、兴奋、温暖、欢乐、辉煌，女人喜欢将其作为装饰色。运用橙色时要注意选择搭配的色彩和表现方式，这样才能把橙色明亮活泼的特性发挥出来。

橙色是黄色和红色的结合色，也称橘色，是一个充满活力的、华丽而醒目的暖色。橙色通常能传达一种比较亲近的感觉。橙色一般不能与深蓝色或紫色相配，但在一些撞色搭配中有所例外。当红色成分偏多的时候，橙色将变成橙红色；黄色成分偏多的时候，橙色会变成橙黄色。

橙色在新娘森女妆容中的应用

在妆容中运用橙色的时候可以与其他色彩进行调和，也可以将其作为独立色使用，这是橙色的一个特点。下面我们对橙色在新娘森女妆容中的搭配方式做一下介绍。

1. 独立橙色

橙色在新娘森女妆容中的独立运用一般有两种表现形式。一种是在眼妆与唇妆上都使用橙色，但是会有所区分，例如偏橙黄色的自然眼妆搭配偏橙红色的唇妆。还有一种方式是将橙色表现在唇妆上，眼部呈现无色彩的效果，通过精致的眼线及睫毛来完成眼部妆容。

2. 橙色 + 红色

淡淡地在眼妆上晕染橙色，搭配红色唇膏，或在眼部自然地小面积晕染红色，搭配橘色唇膏。两种搭配方式的妆容核心都是唇妆。

3. 橙色 + 浅金棕色

在眼部晕染浅金棕色的眼影，以细致自然的方式处理眼线和睫毛，表现眼妆的精致感。用橙色唇膏描画唇部，整体呈现亮泽的暖色质感。

橙色所搭配出来的妆容大多具有唯美感觉，在美容片中也常利用橙色来打造唯美感的时尚妆容。

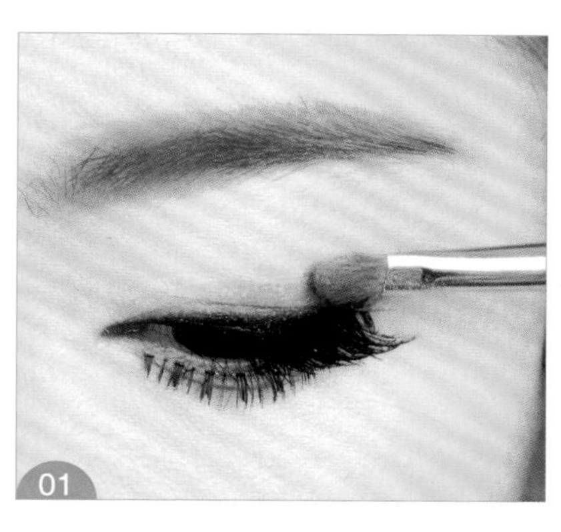

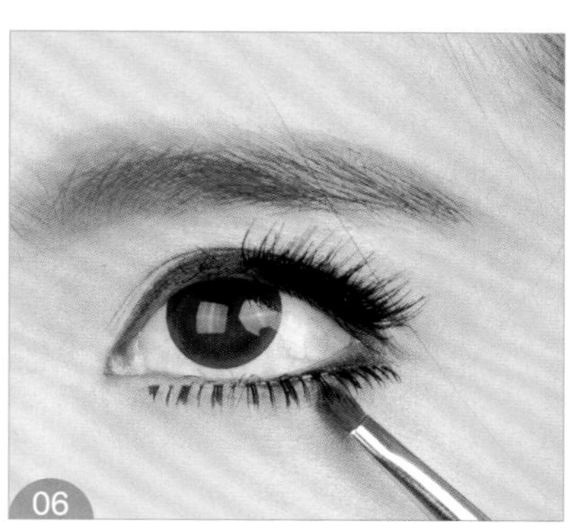

操作步骤

STEP 01　在上眼睑靠近睫毛根部的位置淡淡晕染橙红色眼影，面积处理得不要过大。

STEP 02　用铅质眼线笔自然描画上眼睑的眼线，眼尾不必过于上扬。

STEP 03　在上眼睑及眉骨的位置用白色眼影提亮。

STEP 04　以半贴的方式粘贴上眼睑的假睫毛。

STEP 05　下眼睑以全贴的方式粘贴假睫毛，粘贴的位置紧贴真睫毛的根部。

STEP 06　在下眼睑睫毛根部用橙红色眼影少量晕染过渡。

STEP 07　用咖啡色眉粉晕染眉毛，加深眉色，加宽眉形。在眉毛的细节位置用灰色眉笔进行细节描画，使眉毛更加立体。

STEP 08　在唇部涂抹橙色唇膏，唇形轮廓清晰饱满。适当点缀橙色唇彩，使唇部更具有亮泽感。

STEP 09　斜向晕染偏橙色的腮红，调和肤色，使妆容更加立体。

妆容风格解析

此款妆容呈现暖色调特有的甜美浪漫感觉，非常适合用来搭配花朵装饰的造型。此款妆容加强了唇妆的表现，唇部轮廓感不够饱满的女孩慎用此款妆容。

妆容配色方案

此款妆容采用橙色唇膏、橙红色眼影、棕橙色腮红相互搭配在一起。如此相近的色彩同时运用在妆容上，一定要注意主次之分。此款妆容的唇妆是主体，所以在眼妆和腮红上，色彩都处理得很柔和。

妆容打造提示

全贴式的下睫毛一般都是鱼线梗睫毛，这种睫毛梗比较硬，所以在粘贴之前要将其弯曲几下，使它的弯度更适合粘贴在下眼线处，这样不会脱落。

操作步骤

STEP 01 将刘海区的头发向上扭转并固定。

STEP 02 在一侧发区取一片头发，继续向上扭转并固定。

STEP 03 将另外一侧发区的头发分成两片，向上扭转并固定。

STEP 04 将后发区的头发适当编发，使其呈现收拢的状态。

STEP 05 将刘海区及侧发区留出的剩余发尾进行打毛处理，增加发量及衔接度。

STEP 06 将头发表面梳理得光滑干净，将其梳理至一侧发区，形成刘海效果。

STEP 07 将头发在后发区固定。

STEP 08 将另外一侧发区的剩余头发向后发区方向扭转并固定牢固。

STEP 09 用三股辫编发的形式将后发区两侧的部分头发编在一起。

STEP 10 将辫子向上盘转打卷，在后发区固定。

STEP 11 将后发区发尾中分出一片头发，向一侧打卷。

STEP 12 将打卷固定牢固并调整其角度。

STEP 13 将剩余头发在造型一侧继续向上打卷。

STEP 14 将打卷固定在之前的打卷下方，固定牢固并对角度做调整。

STEP 15 在头顶一侧和后发区佩戴造型花，点缀造型。造型完成。

所用手法

① 打卷

② 三股辫编发

造型重点

刘海区的位置采用借发的方式打造。在扭转侧发区的头发的时候要调整好方位，否则刘海造型会不协调。

造型提示

此款造型的饰品有填充式和点缀式两种作用。额角位置的造型花起到的是填充造型空缺的作用，后发区的造型花起到的是点缀的作用。

操作步骤

STEP 01 将一侧发区的头发用三带一的形式向下编发。
STEP 02 用三股辫编发的形式收尾。
STEP 03 将编好的头发固定。
STEP 04 将另外一侧发区的头发用三带一的形式编发。
STEP 05 编发靠下的位置可适当收紧。
STEP 06 用三股辫编发的形式收尾后用皮筋固定。
STEP 07 将两侧发区的头发在后发区的底端固定牢固。
STEP 08 在后发区上下各扎一个马尾，两条马尾相互错开位置。
STEP 09 从马尾中分出一片头发，向造型一侧打卷。
STEP 10 从马尾中继续分出一片头发，向造型一侧打卷。
STEP 11 继续分出一片头发，在造型另外一侧打卷。
STEP 12 将剩余头发打卷造型，固定在之前打卷的下方。
STEP 13 对每个造型卷的角度进行适当调整。
STEP 14 在一侧发卷与辫子结构的衔接处佩戴造型花，点缀造型。
STEP 15 在另外一侧佩戴造型花，点缀造型。造型完成。

所用手法

① 打卷
② 三带一编发
③ 扎马尾

造型重点

注意此款造型后发区马尾的扎法。在打卷固定的时候要取比较近的马尾的头发。

造型提示

此款造型是基本对称的造型结构，在造型花的佩戴上采用了不对称的方式。饰品形成主次之分，目的是使造型更加生动。这种造型如果对称地佩戴造型花，会显得过于艳俗。

操作步骤

STEP 01 将刘海区、两侧发区及顶区的头发在后发区扎一条马尾。

STEP 02 从后发区一侧取头发，绕过马尾扭转，对马尾根部进行遮挡。

STEP 03 从后发区另外一侧取头发，向上提拉扭转，在后发区的另外一侧固定。

STEP 04 继续在后发区一侧取头发，向上提拉并扭转，在后发区的另外一侧固定。

STEP 05 以同样的方式在后发区另外一侧取头发，在后发区底端固定。

STEP 06 在头顶位置固定假发刘海。

STEP 07 将假发刘海调整出层次感，可以适当用隐藏发卡固定。

STEP 08 用尖尾梳调整刘海在额头位置及耳朵上方的弧度感。

STEP 09 将后发区的头发分出一片，向上打卷并固定。

STEP 10 继续分出一片头发，向上打卷，与之前的打卷衔接。

STEP 11 分出一片头发，在后发区另外一侧向上打卷。

STEP 12 继续分出一片头发，向上打卷，与之前的打卷衔接。

STEP 13 造型卷的固定要牢固，防止其脱落。

STEP 14 将最后一片头发向上提拉并打卷。

STEP 15 在一侧佩戴造型花，在另外一侧佩戴造型花，点缀造型。造型完成。

所用手法

① 打卷

② 扎马尾

造型重点

注意后发区的叠加扭转要光滑、伏贴，这样才能更有利于固定之后的打卷。

造型提示

假刘海的运用已经让这款造型的添加感比较多，所以采用少量花朵点缀造型即可。

操作步骤

STEP 01 将刘海位置的头发做上翻卷造型，用尖尾梳的尖尾对其弧度做出调整。

STEP 02 将侧发区的头发向上翻卷，在刘海后方将其固定。

STEP 03 将另外一侧发区的头发向上扭转并固定。

STEP 04 用三连编的手法在后发区一侧编发。

STEP 05 沿后发区的轮廓向下编发。

STEP 06 将三连编编发转化为三股辫编发。

STEP 07 收尾的位置用皮筋将辫子固定。

STEP 08 在后发区另外一侧分出头发，用三连编的形式编发。

STEP 09 在收尾的位置将三连编转化为三股辫编发。

STEP 10 编好之后用皮筋固定。

STEP 11 将两侧的辫子在后发区底端叠加在一起固定。

STEP 12 将顶区保留的头发做下扣卷造型。

STEP 13 向下扣卷，盖住辫子固定的位置并对其进行细致的固定，调整后发区的轮廓感。

STEP 14 在头顶固定网眼纱，使其形成发带效果。

STEP 15 将网眼纱抓出层次，在其基础之上固定造型花，点缀造型。在造型另外一侧固定造型花，点缀造型。造型完成。

所用手法

① 下扣卷

② 三连编编发

造型重点

在打造此款造型的时候，两侧编发要与后发区伏贴，否则顶区下扣的头发会让后发区两侧的编发显得凌乱。

造型提示

此款造型的饰品采用网眼纱作为基础，在网眼纱的基础之上点缀造型花，这样比用造型花直接点缀更具有层次感，并且网眼纱可以使造型花看上去更加柔和。

操作步骤

STEP 01 将所有头发用电卷棒烫卷，卷的弯度可以适当大一些。

STEP 02 在后发区扎马尾，马尾的位置要高低适中。

STEP 03 将马尾盘绕收短并整理出层次感，之后固定。

STEP 04 在头顶位置取一片头发，向后扭转并固定。

STEP 05 在侧发区取一片头发，向上提拉，扭转并固定。

STEP 06 在另外一侧发区取一片头发，向上扭转并固定。

STEP 07 将固定好的头发的发尾收短，利用卷发的弯度对扭转的位置遮挡，之后固定。

STEP 08 将侧发区的剩余头发向上扭转并固定。

STEP 09 将固定好的头发的发尾与顶区的卷发相互结合在一起。

STEP 10 将刘海区的头发向上提拉并在内侧打毛。

STEP 11 使头发蓬起一定的高度，可以适当用尖尾梳对其进行调整。

STEP 12 将刘海区的头发向前推并固定，可以适当用尖尾梳调整其弧度感。

STEP 13 佩戴造型花，点缀造型。造型完成。

所用手法

① 电卷棒烫发

② 扎马尾

造型重点

用电卷棒烫完头发后，不必将花形抓散，让烫发保留一定的纹理更有利于造型。

造型提示

此款造型的饰品佩戴属于对结构边缘的修饰，佩戴饰品的时候可以表现出一定的错落感，比戴成一条线更能体现造型的柔美感。

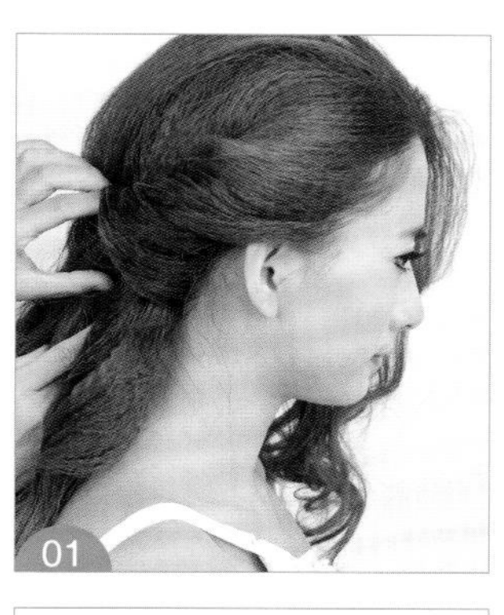
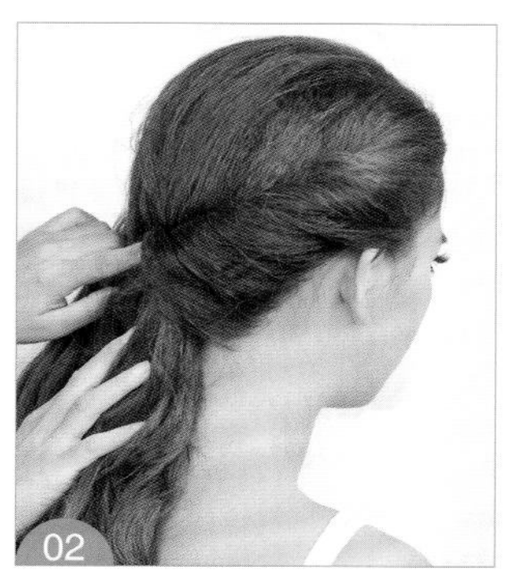

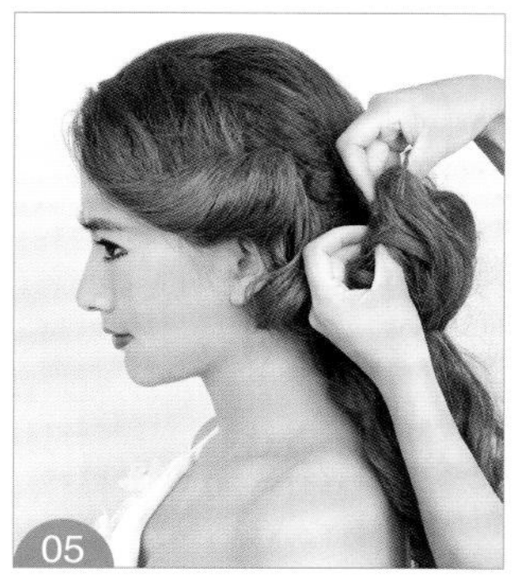

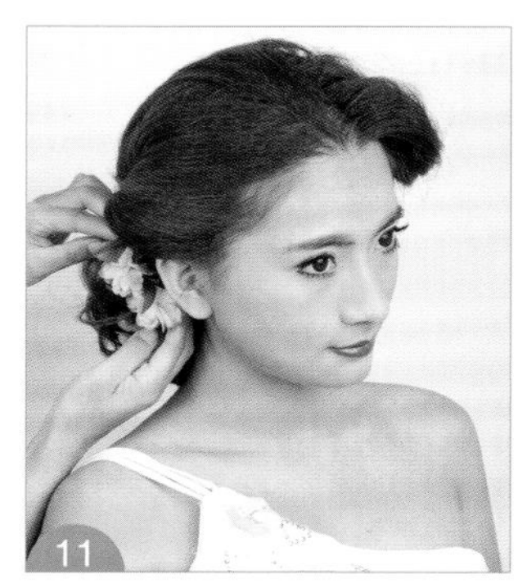

操作步骤

STEP 01 将一侧发区的头发连同部分后发区的头发在后发区扭转。

STEP 02 扭转好之后将头发固定在后发区。

STEP 03 保留出刘海区的头发，在造型的另外一侧用同样的方式操作。

STEP 04 将刘海区的头发在造型一侧做上翻卷并固定。

STEP 05 将后发区一侧剩余的头发向上拉，固定在刘海的后方。

STEP 06 头发表面不要处理得过于光滑，应呈现自然感。

STEP 07 继续取头发，向上提拉并固定。

STEP 08 固定好之后调整头发的层次感，检查头发的牢固度。

STEP 09 将剩余头发在造型的另外一侧向上翻卷。

STEP 10 将翻卷好的头发在造型的另外一侧固定，同样保留头发的层次纹理感。

STEP 11 在造型一侧佩戴造型花，点缀造型。

STEP 12 在造型另外一侧及刘海的弧度内佩戴造型花，点缀造型。造型完成。

所用手法

① 上翻卷

② 电卷棒烫发

造型重点

在翻卷后发区的头发时，要考虑对造型侧面结构的修饰，可以根据具体需要用尖尾梳的尖尾对其轮廓感做适当调整。

造型提示

在佩戴造型花的时候，在刘海弧度内佩戴造型花是为了让造型呈现更加丰富的层次感。如果用这种方式佩戴造型花，要选择小巧精致的花朵，体积过大的花朵会破坏刘海的弧度和美感。

操作步骤

STEP 01 将刘海区的头发中分，将一侧的头发向后扭转并在后发区固定。

STEP 02 将另外一侧发区的头发用同样的方式处理并将表面梳理光滑。

STEP 03 将剩余发尾用三股辫的形式编发。

STEP 04 继续向下编发，收尾的位置用皮筋固定。

STEP 05 在后发区另外一侧取刘海区及侧发区剩余的头发，进行三股辫编发。

STEP 06 将两根辫子在后发区底端固定在一起。

STEP 07 在后发区取一片头发，向造型一侧打卷。

STEP 08 继续分出一片头发打卷，与之前的造型卷相互衔接。

STEP 09 将打卷剩余的发尾收至打卷内侧并固定。

STEP 10 将剩余头发向打卷方向扭转，固定在发卷上。

STEP 11 调整固定的牢固度，以便接下来的造型。

STEP 12 将剩余发尾打卷。

STEP 13 将打卷造型固定牢固，发卡要隐藏好。

STEP 14 在造型一侧佩戴造型花，点缀造型。

STEP 15 在额头位置佩戴造型花，点缀造型。在造型另外一侧佩戴造型花，点缀造型，造型完成。

所用手法

① 三股辫编发

② 打卷

造型重点

打造此款造型时，刘海及两侧发区的对称度要一致，后发区的弧度要流畅。

造型提示

在用饰品点缀的时候，可以对发际线做出适当的修饰。此款造型就是用造型花修饰了发际线，使造型更加完美。

操作步骤

STEP 01 将刘海区中分，将顶区及后发区的头发在后发区底端编三股辫。

STEP 02 将三股辫用皮筋固定。

STEP 03 将辫子向下扣卷，将发尾隐藏起来并固定牢固。

STEP 04 将一侧发区的头发用三股辫编发的形式编发。

STEP 05 将另外一侧发区的头发用同样的方式编发。

STEP 06 将左右两边的编发相互交叉。

STEP 07 交叉之后将其在侧发区固定。

STEP 08 在另外一侧固定另一个辫子。

STEP 09 将一边的刘海向后梳理，表面要光滑干净。

STEP 10 梳理好之后将其固定在后发区的底端。

STEP 11 向后发区底端梳理另外一边的刘海。

STEP 12 将其固定在后发区的底端。

STEP 13 在头顶位置搭配造型花，点缀造型。

STEP 14 在后发区佩戴造型花，点缀造型。造型完成。

所用手法

① 三股辫编发

② 下扣卷

造型重点

此款造型中，两侧的头发编发之后在头顶位置交叉，形成隆起感，所以在编发的时候要编得适当松一些，如果编得过紧，无法形成这种隆起的感觉。

造型提示

此款造型的空隙比较多，所以将造型花点缀在空隙位置。

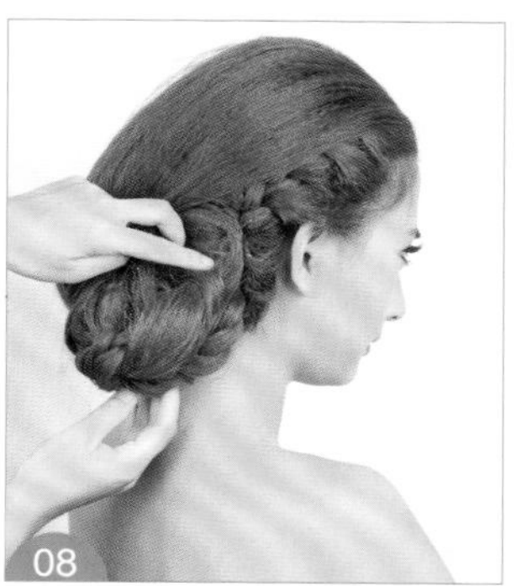

操作步骤

STEP 01　将一侧发区的头发用三连编的形式编发。

STEP 02　边向后编发边带入后发区的头发，注意调整辫子的松紧度。

STEP 03　用三股辫编发的形式收尾。

STEP 04　在另外一侧用三股辫的形式向后编发。

STEP 05　向后编发，带入后发区的头发，用三股辫编发的形式收尾。

STEP 06　将顶区的头发在后发区做一下扭转，固定在后发区的底端。

STEP 07　将辫子与剩余的头发编绕在一起。

STEP 08　编绕好之后将其在造型的一侧固定。

STEP 09　在头顶一侧佩戴网眼纱，点缀造型。

STEP 10　调整好网眼纱的层次并进行隐藏式的固定。

STEP 11　在头顶位置佩戴造型花。造型完成。

所用手法

① 三连编编发

② 三股辫编发

③ 打卷

造型重点

顶区的头发在后发区的扭转是为了固定得更加牢固，并且有助于后发区造型轮廓感的塑造。

造型提示

在佩戴网眼纱的时候，一般都会对额头位置进行适当的遮挡，这样效果会更加自然。如果网眼纱佩戴得过于靠后，会让额角位置的缺陷更加明显。

操作步骤

STEP 01 在刘海区分出一片头发，进行三股辫编发。

STEP 02 向后继续分出一片头发，进行三股辫编发。

STEP 03 将两条辫子在耳后固定。

STEP 04 分出一片头发，打卷并固定，固定时要适当盖住辫子。

STEP 05 在其基础上继续分出一片头发，打卷。

STEP 06 分出一小片头发，打卷。

STEP 07 继续分出一片头发，进行连环打卷，并固定在第一个发卷的下方。

STEP 08 在后发区分出部分头发，向后发区另外一侧固定。

STEP 09 继续从另外一侧分出一片头发，向上提拉，扭转并固定，形成叠包的效果。

STEP 10 将固定之后剩余的发尾打卷。

STEP 11 将剩余的头发向上提拉并打卷。

STEP 12 调整打卷的弧度和角度。

STEP 13 佩戴造型花，点缀造型。

STEP 14 固定造型纱，点缀造型。造型完成。

所用手法

① 三股辫编发

② 打卷

造型重点

此款造型后发区的包发效果是对叠包进行了适当的改变。在实际操作中，有时候需要对基本手法加以适当变化，才能更符合造型需要，但基本要领不变。

造型提示

佩戴饰品的时候，往往需要在相互呼应的饰品之间加以点缀，使其不产生脱节的感觉。此款造型的花朵就是在相互呼应的造型纱之间起到过渡作用的。

操作步骤

STEP 01 将一侧发区的头发用三连编的形式编发。

STEP 02 将另外一侧发区的头发用三连编的形式编发。

STEP 03 将后发区的部分头发编辫子，之后扎发髻。

STEP 04 在后发区将全顶假发折叠之后固定在发髻上，固定要牢固。

STEP 05 将假发的表面梳理光滑干净。

STEP 06 将假发做下扣卷，进行隐藏式固定。

STEP 07 将后发区一侧的剩余头发沿后发区底端包裹在假发之上。

STEP 08 将后发区另外一侧的头发叠加包裹在假发之上。

STEP 09 将一侧编好的辫子在假发顶端固定。

STEP 10 将另外一侧的辫子在后发区的顶端固定。

STEP 11 调整造型的结构并检查造型的牢固度。

STEP 12 将饰品点缀在额角的位置，修饰造型。

STEP 13 在辫子位置佩戴比较小的蝴蝶饰品，修饰造型。

STEP 14 将花朵佩戴在小蝴蝶饰品的周围，点缀造型。

STEP 15 佩戴网纱，点缀造型，同时对额头适当修饰。佩戴花朵，修饰网眼纱的固定位置。造型完成。

所用手法

① 三连编编发

② 下扣卷

造型重点

在造型的时候，发髻的固定要牢固，因为发髻是假发的支撑。同时要用辫子将假发固定的位置隐藏好。

造型提示

有时候佩戴饰品就像画一幅画，也可以有故事。例如，此款造型采用蝴蝶和花朵进行装饰，表达蝶恋花的主题。为了让两者融为一体，用网眼纱作为饰品的基础。

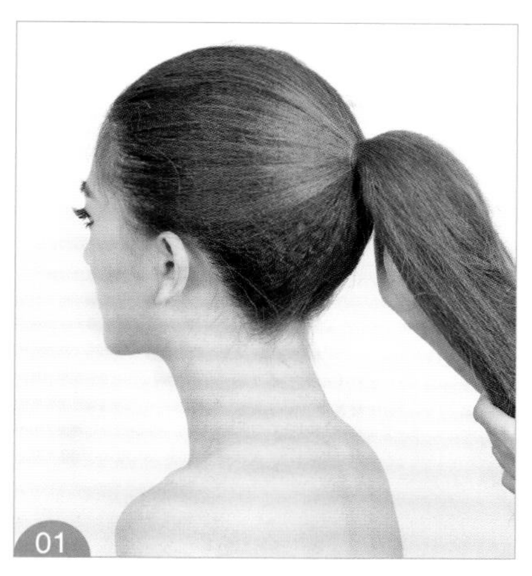

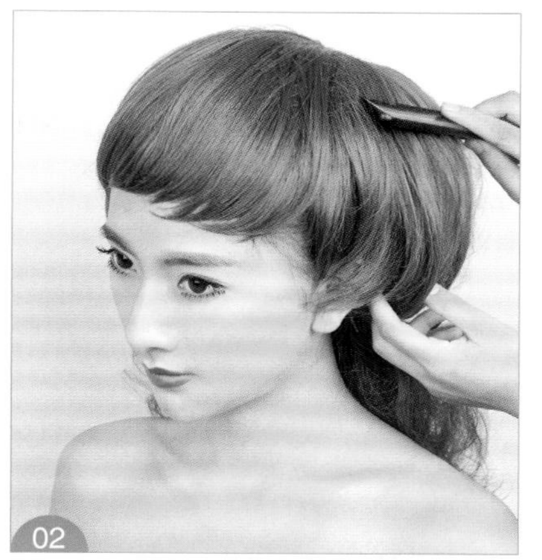

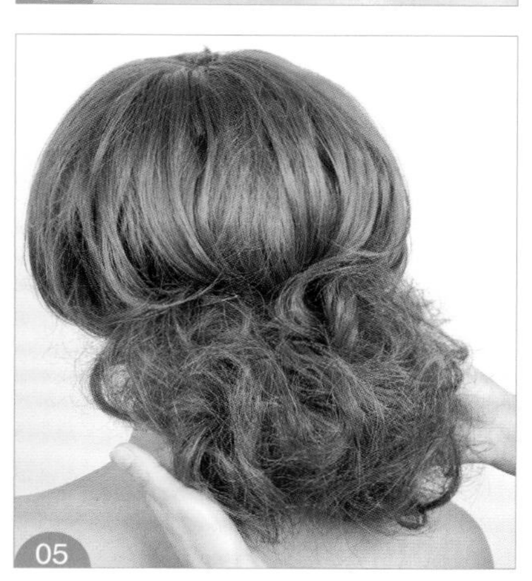

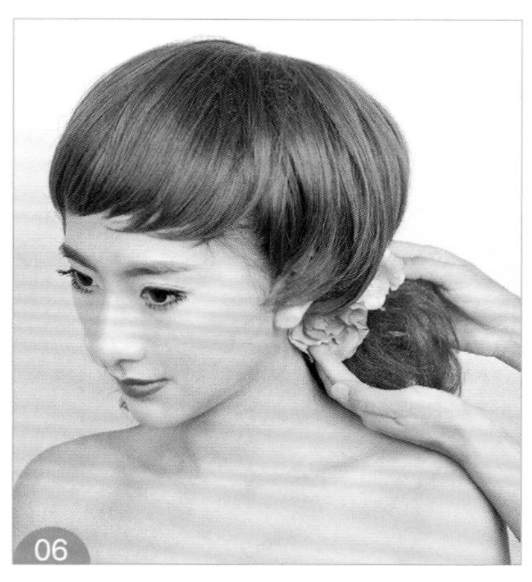

操作步骤

STEP 01 将真发梳理好，扎成马尾效果。

STEP 02 将全顶假发戴在头上，盖住马尾。将假发固定好，梳理出想要的效果。

STEP 03 在后发区将全顶假发的发尾固定好。固定要牢固。

STEP 04 将后发区留出的马尾剩余的头发打毛出层次。

STEP 05 喷干胶定型并整理好真发的层次感。

STEP 06 在造型一侧佩戴花朵，进行点缀。

STEP 07 在造型的另外一侧真假发结合的位置佩戴花朵，进行点缀。造型完成。

所用手法

① 扎马尾　② 倒梳

造型重点

此款造型采用真假发结合的方式。在固定假发的时候，首先要将假发戴到位，不要使其呈现悬空状态。另外可以用一些发卡将假发与真发固定在一起，防止其脱落。用尖尾梳将额头位置的头发整理出有序的层次感，使之与真发更好地衔接在一起。

造型提示

真假发相互结合的造型难免在衔接的位置显得假，可以将饰品佩戴在衔接的位置，这样刚好掩饰了这个缺陷，使真假发能更好地衔接在一起。

Hairstyle and Makeup

玫红色调妆容与造型

玫红色的特性

玫红色又叫玫瑰红、艳粉色等。透彻无垢的玫瑰被誉为美的化身，被用来命名色彩。玫红色透彻明晰，既包含着孕育生命的能量，又流露出含蓄的美感，华丽而不失典雅。

玫红色搭配同色系的色彩和类似的亮色，能制造出甜美活泼的效果；搭配绿色系的色彩能给人玫瑰花叶的感觉，看起来很协调；而搭配其补色蓝色，则能呈现出非常亮眼的视觉效果。

玫红色在新娘森女妆容中的应用

新娘森女妆容要表现自然、随意、甜美、温馨的感觉，玫红色就能很好地诠释这一点，只是在色彩搭配上要讲究方法。下面我们来介绍几款玫红色在妆容中的色彩搭配方式。

1. 玫红色 + 自然色

这里的自然色指类似于肉粉色、肉棕色这样的色彩。在眼妆的处理上，运用玫红色作为主色调，搭配肉粉色的唇妆及肉棕色的腮红，打造整体的妆容效果。也可以利用黑色来加强眼妆的层次感，一般用黑色打造小欧式结构线或者用黑色加强睫毛根部的轮廓。

2. 玫红色 + 绿色

犹如红花与绿叶相配，玫红色与绿色结合会打造出花朵一般的美感。眼妆采用绿色完成，但不要选择过于明亮的绿色，面积也不宜过大。唇妆采用玫红色唇膏或唇彩。采用这种配色效果的妆容很适合搭配鲜花造型。

3. 玫红色 + 蓝色

蓝色与粉色能很好地搭配，而蓝色与玫红同样能很好地搭配。可以用蓝色处理眼妆的色彩，晕染要自然柔和，可以选择低饱和度的蓝色。搭配玫红色唇妆，整体妆容呈现偏暖的色彩感觉，在符合森女风格的同时还具有时尚效果。

玫红色用在妆容中除了可以体现甜美感觉，还可以打造绚烂的色彩效果。在一些舞台妆和创意妆中也常用玫红色做大面积的晕染，在这里不一一赘述。

操作步骤

STEP 01　上眼睑的小欧式结构线用玫红色眼影自然过渡。

STEP 02　下眼睑的眼影色彩同样用亚光玫红色自然晕染，与上眼睑相互呼应。

STEP 03　用铅制眼线笔描画眼线，眼尾的位置与欧式结构线自然衔接在一起。

STEP 04　下眼睑眼线的描画要自然，所以运笔要轻柔，这样色彩不会过黑。

STEP 05　结构线的位置用少量的黑色自然地晕染开，不要让结构线呈现过于明显的线条感。

STEP 06　在下眼睑的前半段描画珠光白色眼线，使眼妆更干净立体。

STEP 07　在眼尾位置重点粘贴假睫毛，局部位置多粘贴一层。

STEP 08　用咖啡色眉粉着重对眉头位置进行晕染，过渡要自然柔和。

STEP 09　用灰色眉笔将眉毛补齐，眉尾的位置重点描画。

STEP 10　斜向晕染肉棕色腮红，使五官更加立体。

STEP 11　在唇部涂抹肉粉色唇膏并点缀亮泽的唇彩，使唇妆更加粉嫩自然。

妆容风格解析

此款妆容以玫红色为核心，呈现甜美温馨的风格。此款妆容适合用来搭配花材及纱质感的饰品，搭配鲜花造型效果更加理想。

妆容配色方案

眼妆以玫红色为核心，用黑色来做层次渐变的过渡色，使眼妆更加立体。为了使眼妆更加柔和，选择珠光白色修饰下眼睑。为了使妆容不生硬，唇妆的肉粉色及腮红的肉棕色都采用淡化处理，目的是烘托眼妆，使整体妆容更加协调。

妆容打造提示

小欧式眼妆处理不当可能会使妆容显得浓艳夸张。在处理小欧式眼妆的时候，欧式线要在双眼皮褶皱线的位置，并且色彩过渡要自然，眼影色彩面积不要过大。小欧式是一款比较实用的眼妆表现形式。

操作步骤

STEP 01 从后发区一侧分出头发，进行四股辫编发。

STEP 02 在收尾的位置将四股辫转化为鱼骨辫编发。

STEP 03 在另外一侧发区进行四股辫编发。

STEP 04 继续向后编发，带入后发区的头发。

STEP 05 继续向下编发，准备进行收尾。

STEP 06 将两条编好的辫子相互固定在一起，发卡要隐藏好。

STEP 07 将辫子的尾部做下扣卷，将其隐藏并固定。

STEP 08 在刘海区取头发，用三带一的形式向后编发。

STEP 09 用三股辫的形式收尾并固定。

STEP 10 将编好的辫子与之前编好的辫子固定在一起。

STEP 11 将发尾收好后固定在后发区。

STEP 12 在头顶一侧佩戴造型花，点缀造型。

STEP 13 在另外一侧佩戴更多的造型花，在两侧耳后的头发上佩戴造型花，点缀造型。造型完成。

所用手法

① 四股辫编发

② 鱼骨辫编发

③ 三带一编发

造型重点

在打造此款造型的时候，后发区的两条辫子的衔接要处理好，不要留有缝隙，在编发的时候就要使两条辫子相互靠近。

造型提示

康乃馨的色彩层次感比较强，在此款造型中佩戴，既符合妆容色彩又显得不单调。

操作步骤

STEP 01 将花朵佩戴在头顶的位置并适当对额头进行遮挡。

STEP 02 在侧发区位置取头发，向头顶拉伸并固定。

STEP 03 在另外一侧侧发区取头发，向头顶位置拉伸，扣转并固定。

STEP 04 将两侧固定的头发衔接在一起，将发尾甩至后发区。

STEP 05 在造型一侧取头发，向头顶位置扭转并固定。

STEP 06 在其后方继续取头发，向上扭转并固定。

STEP 07 在后发区取头发，向上提拉扭转并固定在之前的头发上。

STEP 08 将后发区的剩余头发分左右两片叠加在一起，向上提拉并固定。

STEP 09 将一侧头发提拉起来并对其进行打毛处理，增加发量和衔接度。

STEP 10 将头发在造型一侧打卷并固定。

STEP 11 将另外一侧的头发向上提拉并进行打毛处理。

STEP 12 将头发在造型另外一侧打卷并固定。

STEP 13 调整两侧造型结构的弧度感，使其更加饱满。

STEP 14 在头顶位置继续佩戴一些造型花，点缀造型。

STEP 15 在头顶位置固定造型纱并将其抓出褶皱层次，造型完成。

所用手法

① 打卷

② 倒梳

造型重点

此款造型采用了将头发收短之后再造型的手法，所以在收短头发的时候要根据需要来调整扭转的角度。

造型提示

打造此款造型时，要先佩戴饰品，之后造型，造型之后继续佩戴饰品。这样的处理方式会使造型的层次感更强。

操作步骤

STEP 01 从两侧分出一些发丝，用电卷棒烫卷。

STEP 02 将一侧头发用三股辫反编的形式编发。

STEP 03 将另外一侧头发用同样的方式编发。

STEP 04 编好之后，将两条发辫在后发区固定在一起。

STEP 05 将剩余头发分成两份，分别从辫子中间掏转出来。

STEP 06 将辫子的发尾分成两份，分别与掏转的头发固定在一起。

STEP 07 将两侧的头发扭转一个弧度，之后继续固定。

STEP 08 将发尾向下翻卷并固定。

STEP 09 在后发区点缀造型花。

STEP 10 在辫子结构衔接处点缀花瓣。

STEP 11 在新娘身上点缀花瓣。

STEP 12 在头顶点缀花瓣。造型完成。

所用手法

① 三股辫反编

② 电卷棒烫发

造型重点

后发区两边的头发要基本保持等量。另外，用电卷棒烫发时，烫出的弯度要自然，两边弧度要基本一致。

造型提示

此款造型的饰品点缀从一个中心出发，呈散射状，后发区的玫瑰花就是中心，花瓣是散射。花瓣可用双面胶进行粘贴，要呈现层次感。

操作步骤

STEP 01　将一侧发区的头发向上翻卷并在后发区固定，用尖尾梳调整其弧度。

STEP 02　取一片后发区的头发，在造型一侧打卷。

STEP 03　继续在后发区取一片头发，向上打卷。

STEP 04　将刘海区的头发梳理至造型一侧并做上翻卷造型。

STEP 05　在后发区取一片头发，向上翻卷造型。

STEP 06　继续取一片头发，向上打卷并固定在之前的打卷下方。

STEP 07　将后发区的头发向下扣卷并固定。

STEP 08　在造型一侧佩戴造型花，点缀在造型的空隙中。

STEP 09　在头顶位置佩戴造型花，注意花的摆放角度。

STEP 10　继续向下在打卷的空隙中佩戴造型花，点缀造型。

STEP 11　在后发区佩戴造型花，点缀造型，修饰发型缺陷。造型完成。

所用手法

① 上翻卷

② 下扣卷

造型重点

在正面观察的时候，造型两侧的每一个卷都要弧度流畅干净。所以在固定每一个打卷之前，一定要把之前的打卷轮廓调整好。

造型提示

在用鲜花点缀造型的时候，一些花苞及枝叶同样可以搭配点缀在造型之上。这样不但丰富了造型，而且更具有自然的美感。

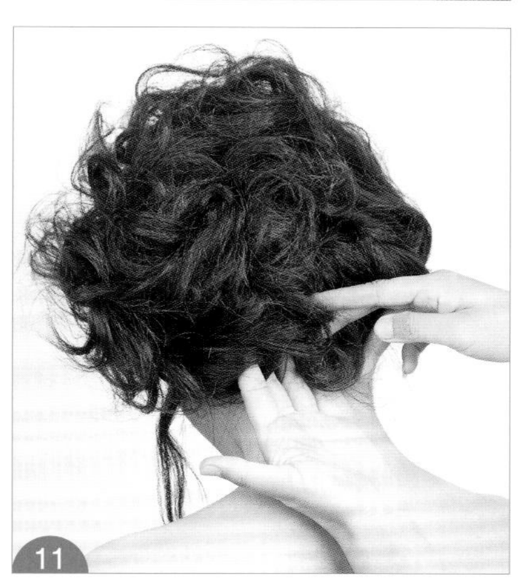

操作步骤

STEP 01 将所有头发用电卷棒烫出卷度，卷可以多一些。

STEP 02 在额头位置佩戴造型花，点缀造型。

STEP 03 将刘海区的头发向前造型，掩盖住造型花的根部。留出一缕头发，用来修饰面颊。

STEP 04 继续佩戴造型花，点缀造型，与之前的造型花相互衔接。

STEP 05 在后发区取头发，继续向前固定，修饰造型。

STEP 06 继续佩戴造型花，点缀造型，造型花与造型花之间要有一定的空隙感。

STEP 07 将另外一侧的头发向造型花的方向拉并固定。

STEP 08 将固定好的头发修饰在造型花的后方。

STEP 09 将剩余头发分成两份，相互扭转并固定在一起。

STEP 10 将头发向上提拉，固定在后发区。

STEP 11 调整头发的整体层次感和固定的牢固度。可适当用尖尾梳将其打毛。造型完成。

所用手法

① 电卷棒烫发

② 倒梳

造型重点

打造此款造型时要注意层次感的控制，并在每朵造型花后用头发对其修饰，使造型花与整体造型不脱节。

造型提示

百合花的花朵体积比较大，在造型的时候一般用来打造造型结构。如果作为点缀使用，一般要控制其位置在造型轮廓之内。

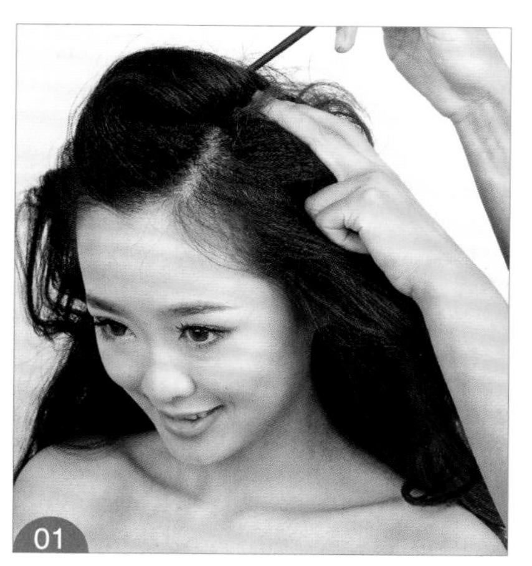

操作步骤

STEP 01 将刘海区的头发向上翻卷并固定。可适当倒梳，增加头发衔接度。

STEP 02 将一侧发区的头发向后扭转并固定。

STEP 03 将另外一侧发区的头发向上扭转并使其呈现隆起感，将其固定。

STEP 04 将后发区一侧的头发向上扭转并在后发区顶端固定。

STEP 05 将另外一侧发区的头发向上扭转并固定。

STEP 06 在头顶位置佩戴玫瑰花，点缀造型。

STEP 07 在玫瑰花周围佩戴小朵康乃馨，点缀造型。

STEP 08 在后发区佩戴造型花，点缀造型。造型完成。

所用手法

① 上翻卷　② 倒梳

造型重点

要注意头顶位置的隆起感，可适当用尖尾梳的尖尾对头发结构进行调整。

造型提示

当用多种款式的鲜花搭配造型的时候，一般会有主次之分。此款造型的造型花就是以玫瑰为主，以康乃馨为辅。

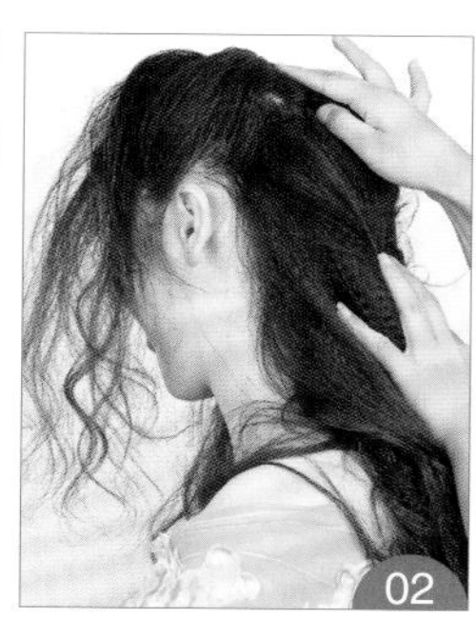

操作步骤

STEP 01 将一侧发区的头发分出一部分，向上提拉，扭转并固定。

STEP 02 将侧发区的剩余头发继续向上提拉，扭转并固定。

STEP 03 将刘海区的头发向后翻卷，隆起一定的弧度并将其固定。

STEP 04 将剩余的发尾继续打卷并固定。

STEP 05 将另外一侧发区的头发向上提拉，扭转并固定。

STEP 06 将后发区一侧的头发向头顶位置提拉，扭转并固定。

STEP 07 将后发区另外一侧的头发叠加在之前固定的头发基础上，扭转并固定，使其形成叠包效果。

STEP 08 将剩余的部分头发打毛，增加发量和衔接度。

STEP 09 将整理好层次的头发在造型一侧固定。

STEP 10 在造型另外一侧以同样的方式操作。

STEP 11 为头发喷胶定型，对层次感进行调整。

STEP 12 在造型一侧佩戴造型花，点缀造型。

STEP 13 在造型另外一侧佩戴造型花，点缀造型。造型完成。

所用手法

① 打卷

② 倒梳

造型重点

两侧的头发是根据后发区叠包之后头发的走向确定摆放方位的，要左右分开，不要相互混淆。

造型提示

在佩戴多色造型花的时候，要保证造型花中至少一种颜色与妆容和服装的色彩吻合或相近，这样整体造型才能更加协调。

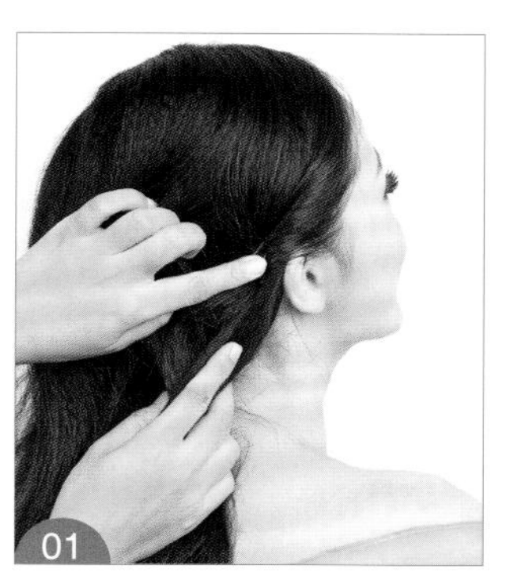

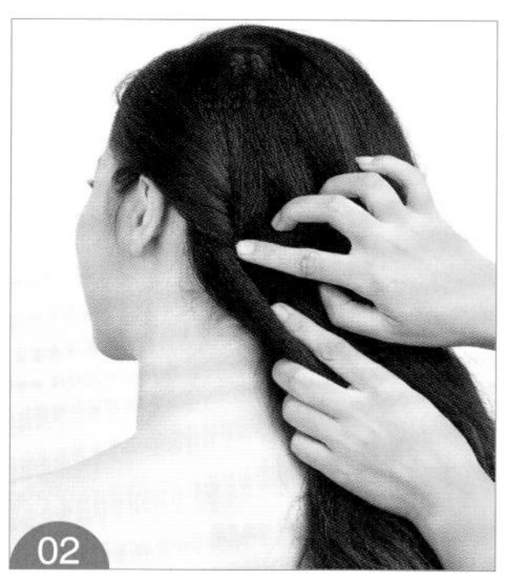

操作步骤

STEP 01　在造型一侧将头发向上扭转后固定。

STEP 02　将造型另外一侧的头发向上扭转后固定。

STEP 03　在后发区将左右两侧的头发分片向后发区中心线扭转并固定在一起。

STEP 04　在后发区取头发，进行四股辫编发处理。

STEP 05　辫子要编得松散自然，不要过于紧实。

STEP 06　将剩余头发继续用同样的方式编发。

STEP 07　将辫子进行收尾并固定。

STEP 08　将一侧的辫子向造型一侧盘绕打卷并固定。

STEP 09　将另外一侧的辫子向上盘绕打卷并固定。

STEP 10　在造型一侧佩戴造型花，点缀造型。

STEP 11　在造型另外一侧佩戴造型花，点缀造型。造型完成。

所用手法

① 四股辫编发

② 打卷

造型重点

此款造型采用自然感编发，编出的辫子效果松散自然，是为了打造两侧自然的轮廓感。同时刘海区及侧发区也不要梳理得过于光滑，要呈现出蓬松自然的感觉。

造型提示

两侧的造型花佩戴可以在数量上有多少之分，这样会让对称感强的造型看上去不呆板。

操作步骤

STEP 01　将刘海区的头发向造型一侧梳理得干净平滑并固定。

STEP 02　在造型一侧用三带一的形式向后编发。

STEP 03　继续向下编发，边编发边调整角度并对其收尾固定。

STEP 04　在另外一侧发区将头发向下编发，同样采用三带一的编发方式。

STEP 05　继续向下编发，带入后发区的头发。

STEP 06　将两侧的头发编好之后，将后发区的剩余头发进行三股辫编发处理。

STEP 07　将三条辫子在后发区底端固定在一起，使其形成深垂的效果。

STEP 08　在刘海区的收尾位置佩戴造型花，点缀造型。

STEP 09　在另外一侧发区佩戴造型花，点缀造型。

STEP 10　在后发区佩戴造型纱，点缀造型，修饰发型缺陷。

STEP 11　在造型纱之上佩戴造型花，点缀造型。造型完成。

所用手法

① 三带一编发

② 三股辫编发

造型重点

在编两侧的三带一编发的时候，注意辫子应呈现兜起的感觉，这样辫子在编好之后才会显得更加硬挺，使两侧的造型结构更加饱满。

造型提示

此款造型通过饰品的点缀呈现花仙子一样的美感。后发区仅用花朵点缀过于单调，并且很难对辫子固定位置的造型缺陷进行修饰，所以用造型纱对其进行遮挡。

操作步骤

STEP 01　将刘海区的头发在头顶位置扎一条马尾。

STEP 02　将马尾辫用三带一的形式编发。

STEP 03　注意调整编发的角度，使其能更好地在额头位置自然固定。

STEP 04　将编好的辫子盘绕在额头位置并固定。

STEP 05　将一侧发区的头发向刘海区后方收拢，扭转并固定。

STEP 06　将另外一侧发区的头发用同样的方式固定。

STEP 07　从后向前翻卷一片头发，与两侧发区的发尾相互结合，固定在造型一侧。

STEP 08　将后发区的头发向造型另外一侧进行三股辫编发。

STEP 09　在编发的同时带入后发区的剩余头发，继续用三股辫的形式编发。

STEP 10　将辫子向造型一侧盘绕并固定。

STEP 11　在造型一侧佩戴造型花，点缀造型，并用头顶的发丝对其进行修饰。

STEP 12　在修饰的发丝之上继续佩戴造型花，点缀造型。

STEP 13　用尖尾梳调整头顶位置的发丝层次。

STEP 14　在刘海另外一侧佩戴造型花，点缀造型。造型完成。

所用手法

① 扎马尾

② 三带一编发

造型重点

此款造型中，头顶位置的盘发与后发区侧卷式的辫子形成呼应关系，在一种不平衡的状态下寻找平衡。注意造型结构的摆放角度，防止其失去平衡感。

造型提示

此款造型不但有造型结构的呼应，在造型花之间也存在呼应关系。这样的饰品佩戴方式可使造型具备更强的空间感。

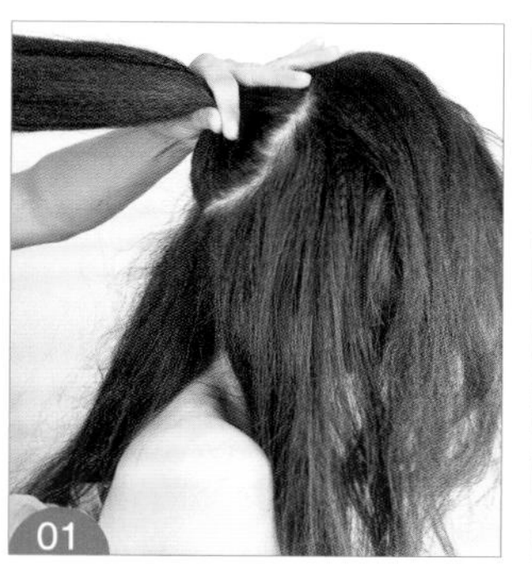

操作步骤

STEP 01 在头顶位置将顶区的头发扎一条马尾。

STEP 02 将马尾中的头发分成几片，做成卷筒效果后衔接在一起，形成发包形状。

STEP 03 将刘海区的头发打毛，增加发量和层次感，之后向顶区造型结构的方向扣卷。

STEP 04 将一侧发区的头发做卷筒效果，同样向顶区造型结构的方向扣卷。

STEP 05 另外一侧用同样的方式处理。

STEP 06 固定好之后对造型结构的弧度做一下调整。

STEP 07 将后发区的剩余头发向上翻卷并固定。

STEP 08 固定好之后要调整好后发区的轮廓弧度感，使其更加饱满流畅。

STEP 09 在头顶一侧佩戴造型花，点缀造型。

STEP 10 在顶区发包周围佩戴一圈造型花，点缀造型。造型完成。

所用手法

① 卷筒　② 扎马尾

造型重点

将头发向顶区扣卷的时候要保留一定的空间感。另外造型的表面不要处理得过于光滑，这样才能呈现出自然的感觉。

造型提示

此款造型中，主体造型花在额角位置，如果不想强调顶区的造型结构，可以不佩戴造型花。为了使每个角度都更加完美，此款造型对顶区的造型结构用饰品进行了强调。

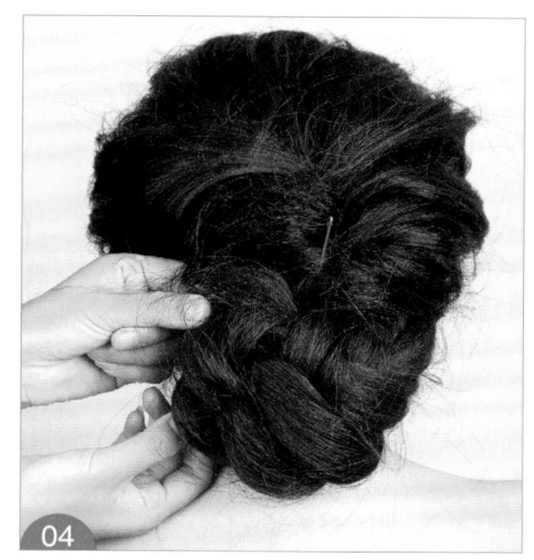

操作步骤

STEP 01 将刘海区的头发倒梳，增加发量。将所有头发收至后发区，准备在后发区编发。

STEP 02 在后发区以四股辫的形式向下编发。

STEP 03 继续向下编发并调整编发的角度。

STEP 04 将编发在后发区盘绕并固定，注意后发区造型轮廓的饱满度。

STEP 05 在头顶位置佩戴皇冠饰品。

STEP 06 在皇冠饰品后方佩戴造型花。

STEP 07 在造型一侧耳后位置佩戴造型花。

STEP 08 在造型另外一侧耳后位置佩戴造型花。

STEP 09 在后发区佩戴造型花，点缀造型。造型完成。

所用手法

① 四股辫编发　② 倒梳

造型重点

编发时不要太紧，那样会使刘海区及两侧发区的头发紧贴头皮，不够饱满。

造型提示

利用皇冠与造型花结合形成“花冠”的效果，如花中女王一般，大气优美，需要用小朵花大量点缀。

Hairstyle and Makeup

紫色调妆容与造型

紫色的特性

紫色是一种常用颜色。紫色由温暖的红色和冷静的蓝色混合而成，是极佳的刺激色。 在传统文化里，紫色是尊贵的颜色，亦有“紫气东来”之意。紫色是一种神秘而富贵的色彩，与幸运、财富、贵族和华丽相关联。紫色跨越了暖色和冷色，所以可以根据所结合的色彩创建与众不同的情调。浅紫色是华美的，常常会让人联想到浪漫。当紫色结合粉色的时候，是极其女性化的一种色彩搭配方式。当紫色中红色与蓝色的比例不同的时候，会呈现出不同的感觉，蓝紫色呈现孤独之感，红紫色象征神圣的爱。紫色中掺入白色显得优美动人。

紫色在新娘森女妆容中的应用

在新娘森女妆容中，我们要利用的是类似于浅紫色这种偏暖色的、柔美浪漫的色彩，用来表现唯美浪漫之感。可以用偏冷的紫来做少量调和，但不适合大面积使用。下面我们对紫色在新娘森女妆容的搭配方式做一下介绍。

1. 紫色 + 玫红 + 粉色

紫色中含有红色的成分，玫红色是红色与紫色相互结合形成的，紫色与玫红色也能很好地结合在一起。一般两者在眼妆中的结合有两种表现形式：一种是将玫红色与紫色结合在一起过渡，使紫色更暖、更柔和；另外一种形式是上眼睑晕染紫色眼影，下眼睑用玫红色做自然过渡，色彩表现要柔和。在唇部搭配粉色质感的唇膏或唇彩。妆容整体呈现暖色的唯美感觉。

2. 紫色 + 玫红

这种搭配方式是将紫色眼影单独晕染在眼部，边缘过渡柔和自然，一般采用平涂或层次式的晕染方式。眼线要柔和，并搭配精致的睫毛。唇妆采用玫红色唇膏或唇彩处理。妆容整体呈现温馨浪漫的感觉。

3. 紫色 + 蓝色 + 透明色

紫色中含有蓝色的成分，所以两者相互搭配在一起可以很自然地过渡。选择比紫色深的蓝色，晕染的方式是将蓝色作为紫色的强调色，这样可以使眼妆更具有立体感和层次感。用透明色亮泽唇彩处理唇部，这样可以使妆容的整体感更加通透自然。

紫色可以呈现出的妆容感觉也很多，浪漫唯美感觉只是它的一种表现形式。神秘感、恐怖感等妆容表现形式都可以用紫色完美诠释。

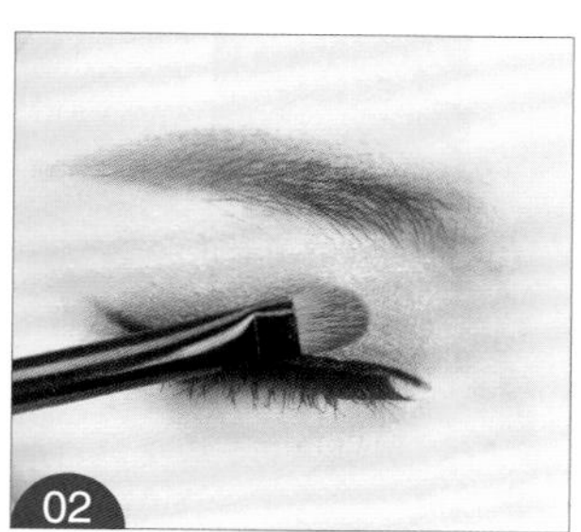

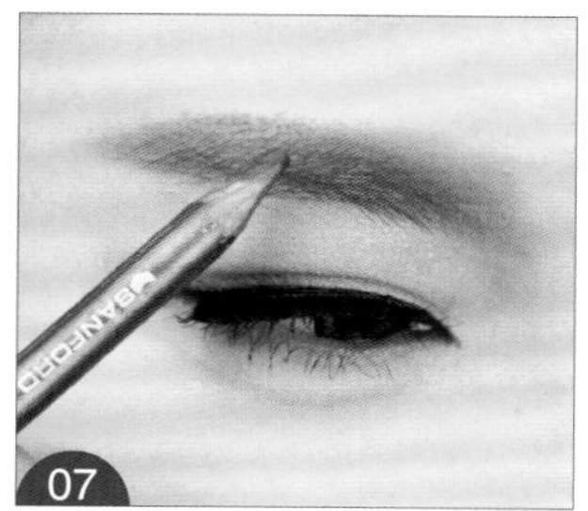

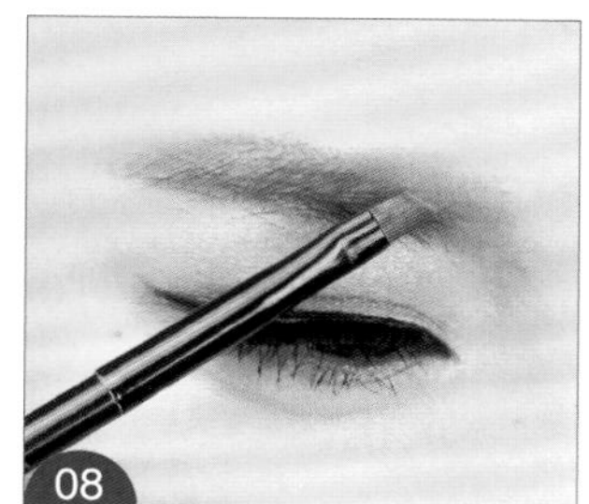

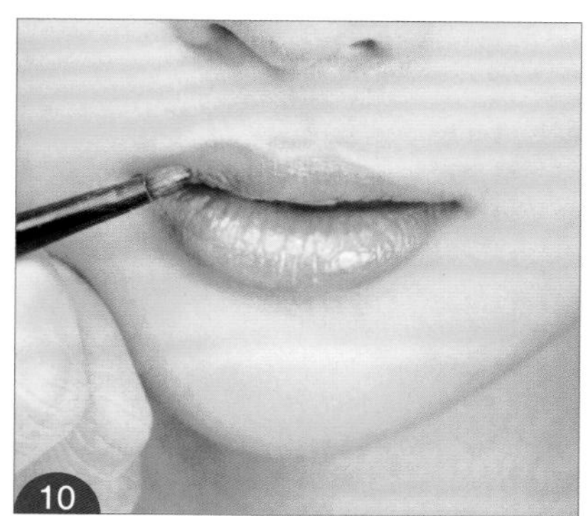

操作步骤

STEP 01 上眼睑的眼影用珠光紫色沿眼睛的形状自然晕染，面积不要过大。在靠近眼尾位置的睫毛根部晕染亚光紫色眼影，进行加深，增加眼部的立体感。

STEP 02 在珠光紫色眼影基础之上晕染珠光浅紫色眼影，做晕染过渡，使眼影的过渡更加柔和。

STEP 03 在上眼睑眉骨的位置晕染微珠光的白色眼影，这样晕染不但可以使眼妆更加立体，还可以使眼妆更加干净。

STEP 04 用水溶性眼线笔细细地描画上眼睑的眼线，眼尾自然上扬。

STEP 05 粘贴浓密的假睫毛，细节位置可以叠加粘贴，使睫毛更加浓密。

STEP 06 在下眼睑淡淡地晕染玫红色眼影，使眼妆的色彩更加丰富。不需要描画眼线。

STEP 07 眉毛采用灰色眉笔做细节描画，眉毛平直，无明显眉峰。

STEP 08 用咖啡色眉粉对眉头位置进行细节晕染，使眉毛更加自然柔和。

STEP 09 以扇形晕染浅棕红色腮红，协调与唇妆之间的关系。

STEP 10 在唇部涂抹红润亮泽感唇膏，将唇形描画得饱满。

STEP 11 在唇高点位置涂抹透明亮泽感唇彩，增加唇部立体感。

妆容风格解析

此款妆容用温暖的色彩及细致的处理手法体现柔和美感，塑造浪漫唯美的妆容格调。脸形偏短的女孩不适合此款妆容，因为平缓的眉形会让脸形看上去更短。气质甜美柔和的女生搭配此款妆容会相得益彰，能更好地体现气质感。

妆容配色方案

眼妆的主体色调是紫色。在上眼睑的眼妆中采用亚光紫色、珠光紫色、珠光浅紫色相互结合，完成眼妆的自然过渡。为了让眼妆显得不单调，在下眼睑淡淡地晕染玫红色眼影，而这刚好可以使眼妆与唇色更好地相互搭配在一起。

妆容打造提示

细心观察后我们会发现，年龄小的孩子的眉毛都是平缓的，随着年龄的增大，骨骼感会增强，眉峰会慢慢变高。为了塑造年轻的效果，可以将眉毛描画得平缓些，此款妆容就是利用了这样的眉毛表现手法。

操作步骤

STEP 01 用电卷棒将头发烫卷，烫卷位置在中段以下，保留发根位置。

STEP 02 将刘海区的头发采用移动式倒梳的方式向后倒梳，增加头发的层次感及饱满度，使头顶位置的头发呈现蓬起状态。

STEP 03 用尖尾梳的尖尾调整头发的层次感。

STEP 04 调整好层次之后喷胶定型。

STEP 05 在头顶位置对刘海区的头发定型。

STEP 06 将一侧的头发向后提拉并扭转，在后发区将其固定。

STEP 07 将另外一侧的头发提拉并扭转，在后发区将其固定。

STEP 08 将侧发区剩余的发尾连同后发区的头发编发。

STEP 09 向上提拉编好的头发，在头顶的位置将其固定。

STEP 10 在后发区另外一侧取部分头发，进行三股辫编发。

STEP 11 将编好的头发在后发区顶端位置固定。

STEP 12 在头顶佩戴饰蝴蝶结饰品，点缀造型。

STEP 13 在后发区佩戴珍珠链子，点缀造型。造型完成。

所用手法

① 移动式倒梳

② 三股辫编发

造型重点

打造此款造型最重要的是刘海位置的蓬起感觉。用尖尾梳调整是最关键的操作，因为尖尾梳不但可以调整造型的层次感，还可以对塑造刘海区的造型轮廓感起到很好的作用。

造型提示

在额头位置佩戴饰品后，后发区显得很空，刚好蝴蝶结饰品上有珍珠材质的元素，所以在后发区点缀珍珠链子，饰品的整体效果很协调。

操作步骤

STEP 01 将一侧发区的头发向后发区翻转并固定，固定出一定的蓬松感和空间感，不要过紧。

STEP 02 在后发区取头发，向上翻转并固定，盖住之前侧发区的固定点。

STEP 03 将刘海区的头发向造型一侧梳理，向上翻转并固定，适当用尖尾梳对其做出调整。

STEP 04 注意翻转的弧度和角度，不要过于伏贴。

STEP 05 将侧发区的头发向后翻卷并固定在后发区。

STEP 06 从后发区一侧取头发，向上翻转并在后发区固定。

STEP 07 从后发区一侧分出一片头发，向后发区另外一侧扭转并固定，注意发卡的隐藏。

STEP 08 将后发区剩余的发尾的一部分向上翻卷并固定，发卡要隐藏好。

STEP 09 将固定好的头发调整出层次感。

STEP 10 从剩余头发中继续分出一部分，向上翻卷并固定。

STEP 11 将最后剩余的头发向上翻卷并固定，注意翻转的角度应呈斜向。

STEP 12 调整固定好的头发的层次感并进行隐藏式的固定。

STEP 13 在造型一侧固定发带，把发带从头顶绕过，在另外一侧固定。

STEP 14 在造型一侧佩戴造型花，在头顶固定发卡的位置佩戴造型花，在另外一侧造型结构的衔接点佩戴造型花，点缀造型。

STEP 15 将网眼纱在头顶固定，适当对额头位置进行遮盖。造型完成。

所用手法

① 上翻卷

② 打卷

造型重点

在打造此款造型的时候，花朵的佩戴位置都是需要隐藏发卡的位置。在造型的时候常常用饰品来修饰发卡固定的缺陷。

造型提示

用网眼纱与造型花相互结合搭配的时候，如果色彩差异较大，让造型花适当遮盖网眼纱可以使造型更加具有层次感。

操作步骤

STEP 01 将刘海区的头发用三带一的形式向后编发。

STEP 02 编发要松散些，并且一边编头发一边调整头发的走向。

STEP 03 继续向后编发，带入侧发区和后发区的头发，要保留出垂落的发丝。

STEP 04 将编好的头发在后发区固定。

STEP 05 在另外一侧发区保留出发丝后用三连编的形式向后编发。

STEP 06 一直向后编发，带入后发区的头发。

STEP 07 将编好的头发在后发区的底端固定。

STEP 08 固定好之后调整头发的松紧度和层次感。

STEP 09 将后发区剩余的发尾调整出层次感和纹理感，可以用隐藏式的发卡进行适当的固定。

STEP 10 用电卷棒将造型一侧留出的发丝烫卷，卷要烫得自然。

STEP 11 注意烫卷头发的角度，使其能够自然垂落。

STEP 12 为另外一侧留出的发丝烫卷，使两边的卷度基本一致。

STEP 13 在后发区一侧佩戴造型花，点缀造型。

STEP 14 在后发区另外一侧佩戴造型花，点缀造型。造型完成。

所用手法

① 三股辫连编

② 三带一编发

造型重点

在打造此款造型的时候，注意两侧留出的发丝要呈现自然弯度且下垂，不要烫得过卷，那样不会伏贴，反而显得很怪异。

造型提示

此款造型的造型花佩戴在两侧，也就是说在同一角度出现的可能性很小。但是在这种情况下，还是要保证两侧饰品材质的统一性，这样才能体现出造型的整体性。

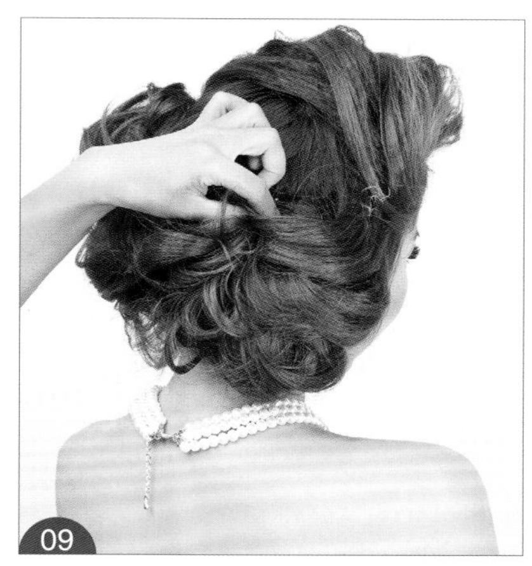

操作步骤

STEP 01 用尖尾梳调整刘海区的头发的层次感。可以用尖尾梳的尖尾将其调整出纹理感。

STEP 02 将刘海区头发的发尾向上翻卷造型，用尖尾梳调整其弧度。

STEP 03 将一侧后发区的头发向上提拉并倒梳，增加发量和衔接度。

STEP 04 将倒梳好的头发向上翻卷造型，固定在造型一侧。

STEP 05 将后发区另外一侧的头发向上提拉并倒梳。

STEP 06 将头发向上翻卷并固定。

STEP 07 固定的位置在后发区，注意固定的牢固度。

STEP 08 将剩余头发继续向上翻卷造型，弥补后发区的造型缺陷。

STEP 09 调整后发区造型的结构感和衔接度。

STEP 10 在额角位置佩戴纱网羽毛饰品，点缀造型。造型完成。

所用手法

① 上翻卷　② 倒梳

造型重点

此款造型着重表现自然随意的纹理感，所以不要把发丝处理得过于光滑、死板，要做到乱而有序。

造型提示

此款造型在额角位置的空隙很大，在这种情况下使用纱网羽毛类饰品要比使用金属质感的饰品有更好的填充效果。而我们要表现森女风格，使用纱网羽毛类饰品就更加能烘托主题。

操作步骤

STEP 01 将刘海区的头发向后梳理，打毛并梳光表面，使其更加饱满。

STEP 02 将刘海区的头发进行下扣卷，固定并隆起一定的高度感。

STEP 03 将一侧发区的头发向上提拉，扣转并固定，根据发量的多少考虑打毛的密度。

STEP 04 注意头发在刘海区的扣转角度，发卡要隐藏固定。

STEP 05 另外一侧发区的头发用同样的方式扣转并固定。

STEP 06 在扣转固定的时候适当收紧最外侧的头发，这样会使其弧度更好。

STEP 07 将后发区一侧的头发向后发区中心线处扣转并固定牢固。

STEP 08 在后发区另外一侧取部分头发，向中心线处扣转，与另外一侧的扣转头发相互衔接在一起。

STEP 09 将后发区剩余的头发整理至造型的一侧，用发卡进行隐藏式的固定。

STEP 10 继续将头发进行隐藏式固定，固定可以分多次进行，这样造型会更具有层次感。

STEP 11 调整侧垂的头发的层次感，将其整理出弯度。

STEP 12 在造型一侧固定网眼纱并带向另外一侧。

STEP 13 在造型的另外一侧将网眼纱固定，固定的位置在耳后上方。

STEP 14 佩戴造型花，点缀造型。

STEP 15 继续佩戴造型花，点缀造型，修饰网眼纱固定的缺陷。造型完成。

所用手法

① 下扣卷

② 倒梳

造型重点

此款造型比较简约，重点是刘海及两侧发区的饱满弧度。在固定的时候可以适当将头发向前推，这样可以使造型轮廓更加饱满。

造型提示

在此款造型中，运用网眼纱的目的是使造型花看上去不突兀，使其与造型的搭配更加自然。

操作步骤

STEP 01 在造型一侧耳上方佩戴羽毛饰品，点缀造型。

STEP 02 在其上方继续佩戴饰品，点缀造型。

STEP 03 用尖尾梳调整头发的层次感，使额头位置呈蓬起的层次感。

STEP 04 在后发区将头发扭转并固定，注意扭转的层次要自然。

STEP 05 将头发固定在后发区底端的位置。

STEP 06 将剩余的部分头发向下自然扭转。

STEP 07 扭转之后分出一片发尾，向上打卷。

STEP 08 调整卷的轮廓感和层次感并将其固定。

STEP 09 将后发区垂落的头发进行打毛处理。

STEP 10 打毛之后用手调整头发的层次感。

STEP 11 调整好层次感之后为头发喷胶定型。造型完成。

所用手法

① 打卷 ② 倒梳

造型重点

打造此款造型的时候，要注意额头位置到后发区的头发的走向，应呈现出一定的松散感，不要梳理得过于光滑。

造型提示

到底是先做好造型再佩戴饰品还是佩戴饰品之后做造型没有明确的限定，可根据造型的需要来选择。此款造型在开始就已经确定了饰品的位置，并以它为基点进行造型，这样的情况是可以先佩戴饰品的。

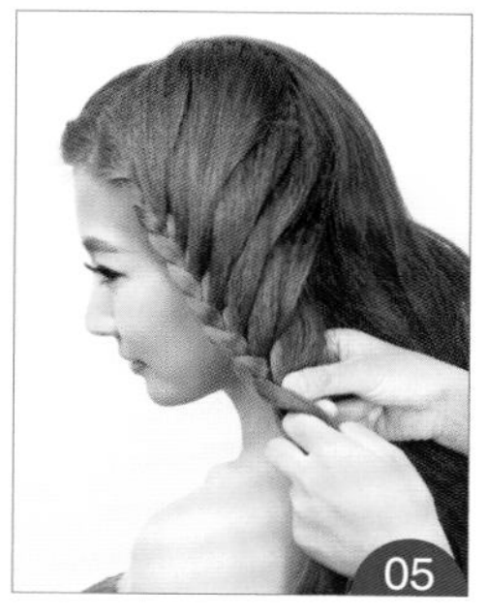

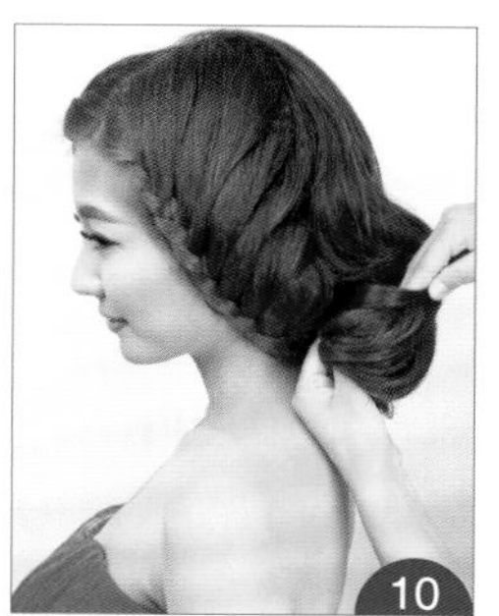

操作步骤

STEP 01 在刘海区取头发，用三带一的手法向下编发。

STEP 02 继续向下编发，带入侧发区的头发，注意调整编发的角度，使其更加伏贴。

STEP 03 在编发收尾的位置可以用三股辫连编的形式编发。

STEP 04 将另外一侧发区的头发用三带一的形式向下编发。

STEP 05 继续向下编发，带入侧发区的头发，边编发边调整编发的角度。

STEP 06 用三股辫编发的形式进行收尾并固定。

STEP 07 拉起后发区的头发，将两侧编发的发尾固定在后发区底端。

STEP 08 将后发区剩余的头发打毛并梳光表面，喷胶定型。

STEP 09 将头发梳理至造型一侧。

STEP 10 将梳理好的头发打卷，固定在后发区一侧。

STEP 11 调整打卷的弧度并使其呈现更加饱满的感觉。

STEP 12 在打卷的上方佩戴造型花，点缀造型，使其轮廓感更加饱满。

STEP 13 在造型另外一侧佩戴饰品，点缀造型。

STEP 14 注意造型的轮廓感和饱满度，适当用造型花补充。造型完成。

所用手法

① 三带一编发

② 三股辫编发

③ 打卷

造型重点

此款造型的重点是两侧编发的伏贴度，所以要边编发边调整其角度，使其能更自然地在后发区底端固定。

造型提示

在造型轮廓不够饱满的时候，可以用饰品进行填充，使其轮廓更加饱满。此款造型在打卷位置佩戴造型花就起到填充造型饱满度的作用。

操作步骤

STEP 01 将刘海区的头发向前推，扭转并固定。

STEP 02 将剩余发尾打卷并固定在头顶位置。

STEP 03 将一侧发区的部分头发向上提拉，扭转并固定。

STEP 04 将剩余头发向上提拉，扣转并固定。

STEP 05 将后发区一侧的部分头发向头顶方向提拉，扭转并固定。

STEP 06 在后发区分出一片头发，向上扭转并固定。

STEP 07 将后发区中间的部分头发向上提拉，扭转并固定。

STEP 08 将后发区剩余头发向上扭转并固定。

STEP 09 将头发进行隐藏式固定，使其更具有方向感。

STEP 10 将一侧发区的头发向后扭转并在后发区固定，将发尾向前拉。

STEP 11 将头发的发尾在后发区一侧固定。

STEP 12 调整头发发尾的层次感。可以对局部位置的头发进行打毛处理，使其更加具有层次感。

STEP 13 用发尾适当修饰额角的位置。

STEP 14 佩戴造型花，点缀造型，可以修饰在发卡固定的点。

STEP 15 在另外一侧佩戴造型花，点缀造型。造型完成。

所用手法

① 打卷

② 倒梳

造型重点

此款造型的重点是刘海的结构处理，刘海应呈现隆起状态。注意角度的控制，固定一定要牢固，否则很难达到造型效果。

造型提示

如果造型已经具有了很好的层次感，在选择饰品的时候，要选择体积小的饰品，以点缀的形式为主，这样不会破坏造型的整体结构。

操作步骤

STEP 01 将刘海区的头发向造型一侧以鱼骨辫的形式编发。

STEP 02 鱼骨辫编发要上松下紧，越靠上越松散自然。

STEP 03 将头发向后发区方向打卷。

STEP 04 将头发打卷之后向上推并固定。

STEP 05 将另外一侧的头发用鱼骨辫的形式编发。

STEP 06 编发同样呈现上松下紧的状态。

STEP 07 将头发向内打卷并向上推。

STEP 08 将推好的头发固定，固定要牢固。

STEP 09 将后发区剩余的头发向上做扭包造型。

STEP 10 将扭包造型固定牢固。

STEP 11 在头顶位置佩戴造型花，点缀造型。

STEP 12 在造型花后方固定网眼纱。

STEP 13 用网眼纱适当遮盖造型花。造型完成。

所用手法

① 扭包造型

② 鱼骨辫编发

③ 打卷

造型重点

此款造型利用鱼骨辫打卷上推所形成的层次感打造造型的结构。在编鱼骨辫的时候上松下紧，目的是为上推保留一定的空间感。

造型提示

饰品的佩戴既点缀了造型又修饰了造型缺陷。此款造型在扭包之后留下了造型瑕疵，刚好被造型花很好地进行了遮挡。

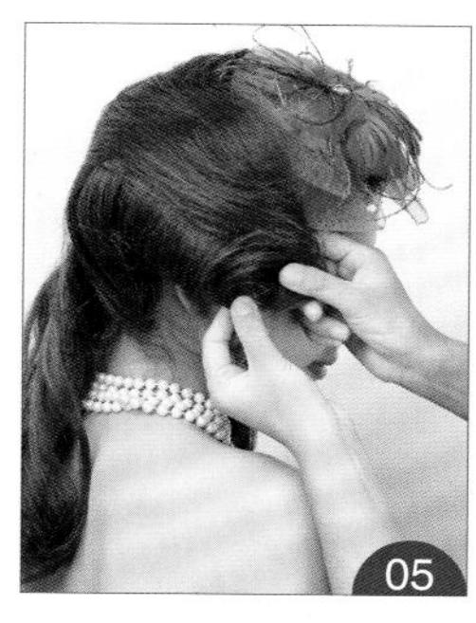

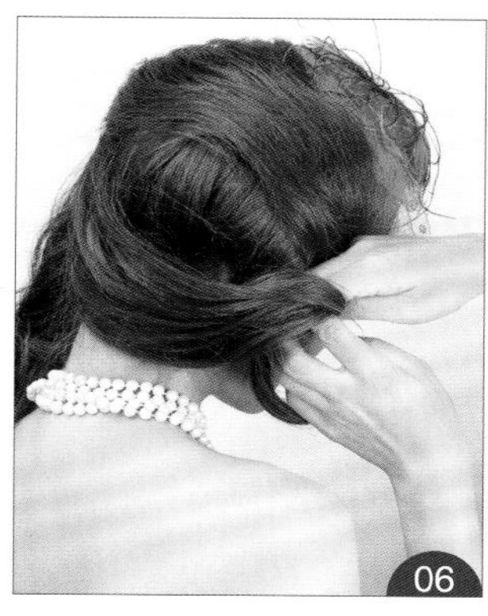

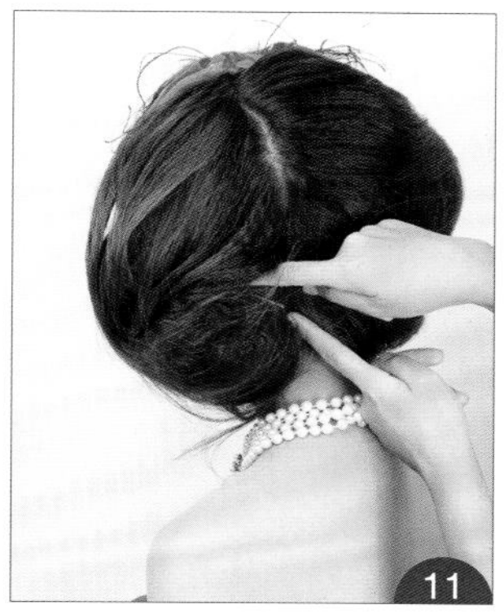

操作步骤

STEP 01 在头顶位置佩戴羽毛饰品，点缀造型。

STEP 02 将一侧及部分后发区的头发进行上翻卷造型。

STEP 03 将上翻卷的头发固定在饰品下方并调整其角度。

STEP 04 调整固定好的头发的角度及轮廓感，使其能更好地修饰饰品的轮廓。

STEP 05 将后发区的头发向前带，遮盖住打卷造型的结构。

STEP 06 在后发区继续取一片头发，在侧发区位置打卷。

STEP 07 打卷固定的位置在翻卷造型结构的下方。

STEP 08 将侧发区的头发向前打卷。

STEP 09 将打卷造型的头发固定牢固并调整其弧度。

STEP 10 将后发区的剩余头发向前扭转并固定。

STEP 11 将剩余的发尾向后固定，盖住扭转的位置。

STEP 12 在头顶位置佩戴紫色造型纱，要将造型纱抓出立体的褶皱层次。

STEP 13 在造型上点缀造型花。造型完成。

所用手法

① 打卷

② 上翻卷

造型重点

打造此款造型的时候，要注意对轮廓感的把握。两边的造型手法虽然不一样，但最后呈现的轮廓感基本一致。

造型提示

此款造型虽然用的饰品样式比较多，但在同一色系间的色彩变化所呈现的感觉在整体上是具有协调感的。

操作步骤

STEP 01 将造型一侧刘海的一部分向后扭转并固定。
STEP 02 将侧发区剩余部分的头发向上扭转，在后发区固定。
STEP 03 将其中一片头发的发尾向前打卷并固定。
STEP 04 将另外一片头发向上打卷并固定。
STEP 05 从侧发区的头发中分出一片，向上打卷。
STEP 06 以同样的方式将剩余后发区中心线内的头发继续向上打卷并固定牢固。
STEP 07 将另外一侧的刘海向后扭转并固定。
STEP 08 将侧发区的头发向上打卷并固定。
STEP 09 继续分出一片头发，向上打卷。
STEP 10 将卷固定牢固并将发卡隐藏好。
STEP 11 将剩余头发继续向上打卷。
STEP 12 调整打卷固定的轮廓感和弧度。
STEP 13 在造型一侧的位置固定一条珍珠链子。
STEP 14 在造型的另外一侧将其固定珍珠链子的另一边。
STEP 15 在珍珠链子的两侧分别佩戴造型花，点缀造型。造型完成。

所用手法

① 打卷
② 上翻卷

造型重点

在造型的时候，两侧打卷的固定要表现层次感和立体感，所以在固定的时候有前后之分和大小之分。

造型提示

对称感的造型搭配对称感的饰品会呈现协调统一的感觉，为了使造型不单调，可以用辅助饰品做衔接。本款造型用珍珠链子与造型花结合，搭配对称感的打卷造型。

操作步骤

STEP 01 在造型一侧用发卡连排固定。

STEP 02 将刘海区的头发向上打卷造型并将其固定牢固。

STEP 03 将侧发区的头发向上翻卷造型。

STEP 04 将翻卷固定，使其与刘海区的打卷形成渐进的层次。

STEP 05 将侧发区的剩余头发向后提拉，准备打卷。

STEP 06 将翻卷固定好后调整其方位，要比之前的卷更大。

STEP 07 将后发区的头发向上翻卷造型。

STEP 08 将翻卷好的头发收紧并固定，增加后发区造型的轮廓感。

STEP 09 将另外一侧发区的头发下连排发卡固定。

STEP 10 将固定好的头发向上翻卷造型并在后发区一侧固定。

STEP 11 将后发区一侧的头发向上斜向翻卷并固定。

STEP 12 将后发区剩余的头发向上做扭绳效果后固定。

STEP 13 将发尾继续扭转后固定并调整造型的轮廓感。

STEP 14 在后发区一侧和底端分别佩戴造型花，点缀造型，使造型轮廓饱满。

STEP 15 在造型一侧的刘海翻卷下方佩戴造型花，点缀造型。造型完成。

所用手法

① 打卷

② 上翻卷

造型重点

连排发卡的固定是为了使造型呈现更好的翻卷效果，使发丝的转向一致。

造型提示

打卷造型之后，打卷位置的下方会看上去很空，用造型花点缀造型，可使造型结构饱满。这种佩戴方式会让造型简约而不单调。

Hairstyle and Makeup

彩色调妆容与造型

多彩炫色新娘森女妆容

顾名思义，多彩炫色是指利用多种色彩来完成一款整体妆容。在处理这种妆容的时候，多种色彩主要集中在眼妆上来表现。所谓多彩，一般是指在眼妆表现上呈现三种或三种以上的色彩。而在处理这些色彩之间的关系的时候，有哪些需要注意的呢？下面我们来具体讲解。

多彩炫色新娘妆容注意事项

1. 一般在眼妆中会选择饱和度比较高的色彩，如红色、蓝色、黄色、绿色、紫色、橘色、玫红色等色彩，这样会使眼妆看上去亮丽。而不会选择过于浑浊、深暗的色彩进行搭配，如咖啡色、灰色等。
2. 一般调和在一起会显得浑浊的色彩会间隔开或者使其形成对比。互相融合后能够形成新的亮丽色彩的颜色适合衔接柔和在一起。
3. 靠近睫毛根部的位置可以选择比较深的色彩，越向上颜色越淡，目的是使边缘更加柔和。
4. 可以利用黄色来柔和眼妆中各种颜色之间的关系，会起到很好的效果。
5. 眉毛的处理要淡雅平缓，不要处理成颜色过深、过于高挑的眉毛。
6. 唇妆的处理深浅均可，但一般会和眼妆的深浅度及饱和度进行区分，这样可以使妆容更具有层次感。
7. 腮红一般会选择比较亮丽的色彩，如橘色、粉嫩色等。这样可以使整体妆容更加柔和，肤色更加透亮。

多彩炫色新娘森女妆容搭配方式

因为眼妆色彩的多样性，所以妆容的搭配方式也很多。下面我们对几款实用的搭配方式加以介绍。

1. 三原色眼妆 + 暗红色唇妆

眼妆采用红、黄、蓝三种色彩，红色与蓝色之间形成对比，用黄色调和眼影的协调感，下眼睑选择蓝色自然晕染，与上眼睑的眼妆呼应。唇妆用淡淡的暗红色唇膏处理。本书中的实例就采用了这种搭配方式。

2. 原色与间色眼妆 + 粉嫩唇妆

眼妆选择原色与间色相互搭配，例如，可以用蓝色、绿色、黄色相互搭配，形成上眼睑眼妆的过渡，下眼睑选择玫红色进行晕染（玫红色是红色与白色相互调和的结果，红色做下眼睑的眼妆会略显生硬，所以选择玫红色来代替红色，与上眼睑的眼妆形成对比）。搭配粉嫩感的唇妆，整体妆容会呈现柔和清新的美感。

3. 多色眼妆 + 自然唇妆

眼妆采用三原色与三间色等色彩做小面积的段式眼影处理。因为眼妆的色彩非常多，所以唇妆可以采用裸透的色彩，从而突出眼妆。

除了在妆容色彩上的搭配外，对于睫毛、眼线的细节处理也很重要。一般眼线会处理得比较自然柔和，可以考虑适当粘贴一些下睫毛，使眼妆看起来更加生动立体。

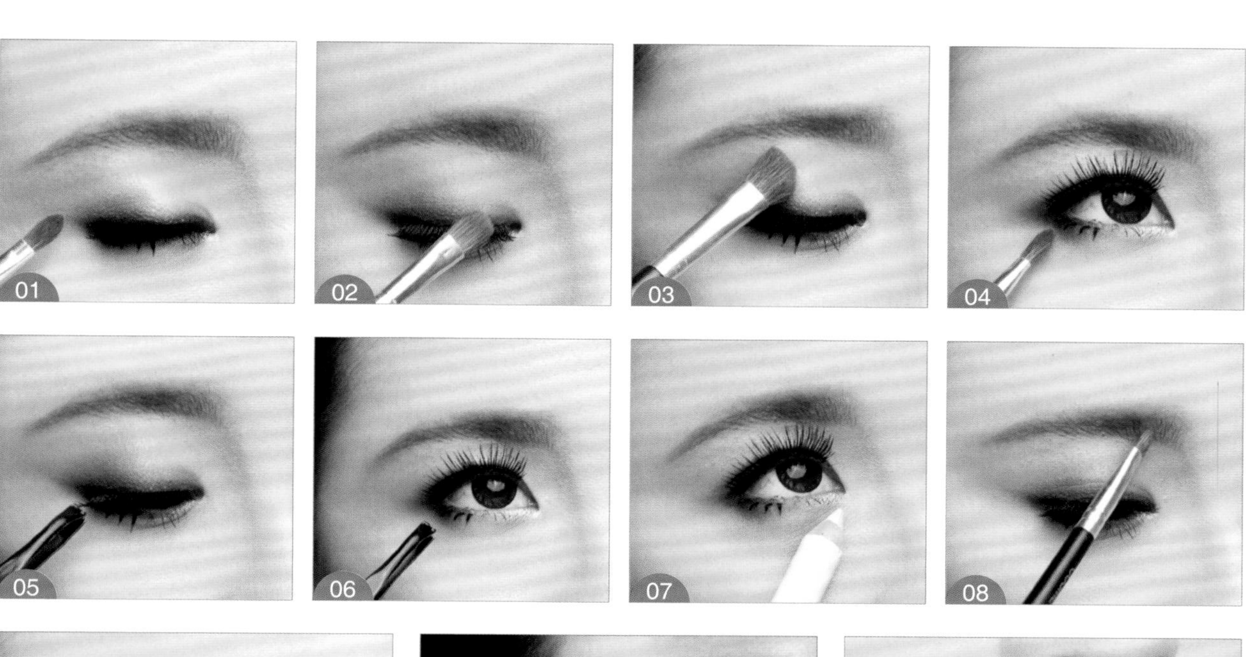

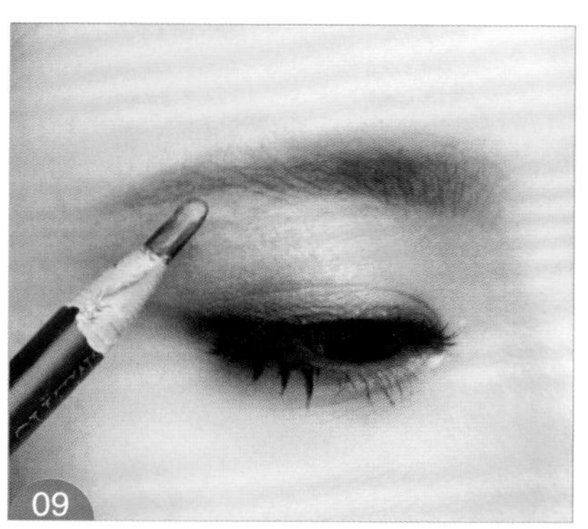

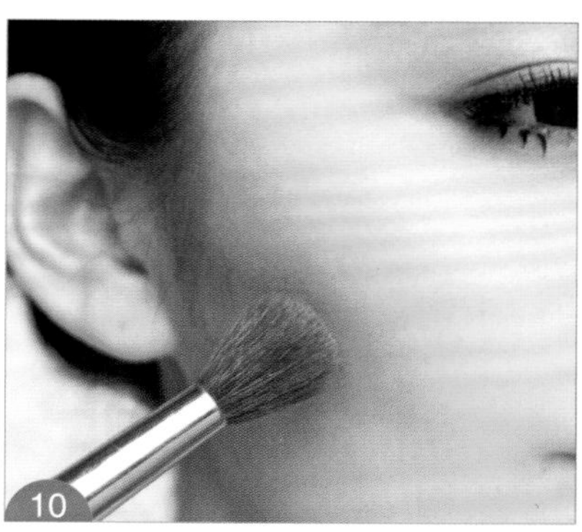

09 10 11

操作步骤

STEP 01 在上眼睑的后半段用亚光蓝色眼影进行晕染，边缘要过渡得自然柔和。

STEP 02 上眼睑的前半段自内眼角开始向后淡淡地用红色亚光眼影自然晕染。

STEP 03 自鼻根开始向后用黄色亚光眼影进行晕染，使其与蓝色、红色相互柔和开。

STEP 04 下眼睑的位置从后向前晕染亚光蓝色眼影，眼影的晕染范围大概是下眼睑宽度的 1/2。

STEP 05 在上眼睑紧贴真睫毛根部粘贴自然纤长的假睫毛。

STEP 06 在下眼睑以点缀式粘贴几根假睫毛，用镊子将其粘贴牢固。

STEP 07 在下眼睑的眼头位置用珠光白色眼线笔自然描画。

STEP 08 用眉粉自眉头位置向后自然晕染，增加眉毛的宽度及深度。

STEP 09 眉形比较平缓，用咖啡色眉笔自然描画，填补眉形。

STEP 10 在面颊处斜向晕染橘红色腮红，过渡要自然柔和。

STEP 11 在唇部薄薄地涂抹偏暗的红色亚光唇膏，轮廓饱满自然。

妆容风格解析

此款妆容的色彩运用较多，眼部的缤纷色彩增加了妆容的画意感，整体呈现浪漫的妆容格调。

妆容配色方案

在眼妆的色彩处理上采用红色、黄色、蓝色的三原色相互结合完成，红色与蓝色使眼妆色彩对比强烈，用黄色对其进行柔和，使其呈现更加缤纷的色彩。唇妆的暗红色处理是为了使妆容的深浅产生更具体的变化。

妆容打造提示

在处理色彩多样的眼妆效果的时候，要合理地利用黄色，黄色不稳定的色相可以使多种色彩之间产生自然柔和的感觉。

操作步骤

STEP 01 将所有头发用玉米夹处理蓬松，将刘海区的头发以三带二的形式向侧发区编发，连接头发。

STEP 02 将侧发区的头发以同样的方式进行编发处理，编发的时候可以保持适度的松散。

STEP 03 编发至发尾，用皮筋固定。

STEP 04 将编好的发辫藏进头发的一侧并固定。

STEP 05 将后发区的头发放下，将内侧倒梳后梳光表面，向下扭转并固定在发辫上，形成衔接结构。

STEP 06 另一侧发区以三股连编的形式向后发区编发。

STEP 07 连接后发区的头发编发，注意保持适度的松散。

STEP 08 将发辫固定在造型的另一侧。

STEP 09 将后发区剩余的发尾向上提拉并扭转。

STEP 10 将扭转后的头发向侧发区固定，并用梳子调整头发的纹理和层次。

STEP 11 继续调整侧发区头发的纹理和层次。

STEP 12 在卷发的边缘可以保留一些发丝，使造型看上去更加自然随意。

STEP 13 在侧发区和刘海区的交界处用玫瑰和黄莺草进行点缀。

STEP 14 在玫瑰的表面固定网纱，对造型进行强调。将网纱用手抓出层次感。

STEP 15 将玫瑰的花瓣不规则地点缀在发辫附近，与网纱下的玫瑰形成呼应。造型完成。

所用手法

① 三连编编发

② 三带二编发

造型重点

在造型的时候注意发丝的层次感，有层次的发丝可以使人显得年轻而柔美。相反，如果缺少层次，造型会显得沉重。

造型提示

将网纱与鲜花相互搭配，可以制造更好的空间层次感。同时，在佩戴红色玫瑰的时候用花瓣加以点缀可以使造型更加生动。黄莺草的使用是为了使红色玫瑰的层次感更强。

操作步骤

STEP 01 将侧发区的头发内侧倒梳，梳光表面，向后发区扭转并固定。

STEP 02 另一侧用同样的方式操作。

STEP 03 将刘海区的头发向上提拉，倒梳内侧。

STEP 04 将刘海区的头发倒梳后，以梳子为轴向上翻转，做出上翻卷。

STEP 05 将剩余的发尾继续向后扭转上翻，做连环卷并固定。

STEP 06 将剩余的发尾打卷并固定，和侧发区固定的头发衔接在一起。

STEP 07 将后发区的头发以三股连编的形式编发。

STEP 08 将发辫一直向一侧编发，一直编至发尾，在编发时注意保持适当的蓬松度。

STEP 09 将编好的发辫用皮筋固定。

STEP 10 将后发区左侧剩余的头发内侧倒梳，制造支撑力。

STEP 11 将倒梳好的头发向内扭转，和发辫衔接并固定。

STEP 12 用手整理头发表面的纹理和层次感，并调整发丝。

STEP 13 在刘海区和侧发区的交界处佩戴造型花，进行点缀。

STEP 14 在顶发区继续佩戴造型花，装饰造型，使造型更加丰富饱满。

STEP 15 在后发区继续用造型花点缀，和整个造型形成呼应。造型完成。

所用手法

① 上翻卷造型

② 三连编编发

造型重点

在造型的时候，后发区垂落的头发的走向要自然，不能生拉硬拽。为了使其弧度更加自然，可以用电卷棒烫卷，使其更加适应所需要的弧度。

造型提示

此款造型的鲜花饰品点缀在后发区的头顶位置，是饰品的核心；刘海下方的鲜花及后发区所点缀的鲜花分别与其呼应。这样造型更具有整体感。

操作步骤

STEP 01 将刘海区和侧发区的头发向后发区扭转并倒梳，整理头发表面的纹理。

STEP 02 将倒梳后的头发向后发区扭转并固定，固定的时候注意发卡不要外露。

STEP 03 将后发区的头发以两股辫加发的形式向一侧收起。

STEP 04 将编发的发辫向内扭转并固定，发尾留出备用。

STEP 05 将侧发区的头发倒梳，向后发区扭转，打卷并固定。

STEP 06 继续取后发区的头发，向上扭转，打卷并固定，和第一个卷筒衔接。

STEP 07 将剩余的头发倒梳，向上提拉并翻转。

STEP 08 将翻转后的头发固定，并用手整理头发表面的纹理和层次。

STEP 09 在刘海区和侧发区的交界处佩戴造型花，进行点缀。

STEP 10 用造型纱覆盖在花朵的表面，用发卡固定。

STEP 11 用花瓣不规则地点缀在前发区额头的位置。

STEP 12 在后发区和侧发区的交界处同样用花瓣进行点缀，和前发区形成呼应。造型完成。

所用手法

① 两股辫编发

② 打卷造型

造型重点

打造此款造型时要注意刘海区的头发在侧面的纹理感，呈现的应该是自然上翻的状态。不要将其梳理得过于光滑干净，那样会使造型显得老气。

造型提示

将羽毛与鲜花相互搭配在一起，羽毛的色彩可深可浅，一般不会与鲜花的色彩完全一致，那样会失去层次感。为了柔和彼此之间的关系，可以用网眼纱对其进行协调。

操作步骤

STEP 01 用玉米夹将头发处理蓬松，将头发中分，将侧发区的头发以三股连编的形式向后发区编发。

STEP 02 将编好的发辫固定在后发区，下暗卡固定，注意发卡不要外露。

STEP 03 另一侧以同样的方式编发，在编发的时候保持适当的松散。

STEP 04 将编发向后连接后发区的头发。

STEP 05 将编好的发辫固定在后发区，用发卡固定，和右侧固定的头发形成衔接。

STEP 06 将后发区的头发以四股辫的形式编发。

STEP 07 将发辫一直编至发尾，用皮筋固定。

STEP 08 剩余的头发同样以编发的形式处理，注意保持适当的松散度。

STEP 09 将编好的发辫向上提拉，用手拉扯得相对松散一些。

STEP 10 再次将另一股发辫拉扯得松散一些。

STEP 11 在发辫的位置点缀造型花，进行修饰。

STEP 12 在侧发区和后发区的交界处用不同颜色的造型花进行点缀，花的颜色丰富可以更好地突出造型的层次感。

STEP 13 在另一侧侧发区和后发区的交界处同样用造型花进行点缀，在结构上形成对称。造型完成。

所用手法

① 三连编编发

② 四股辫编发

造型重点

打造此款造型时，侧垂的头发要撕扯得层次自然，不要使其过于光滑干净，那样会显得很呆板、不够洋气。

造型提示

在点缀造型花的时候，可以用其对扎头发的皮筋进行修饰，这样既丰富了造型，又隐藏了缺陷。

操作步骤

STEP 01 用玉米夹将头发处理蓬松，并进行中分。

STEP 02 用造型纱固定在顶发区和刘海区的交界处。

STEP 03 将侧发区的头发内侧倒梳后梳光表面，向后发区扭转并固定在后发区。

STEP 04 将侧发区剩余的发尾继续扭转并固定。

STEP 05 另一侧以同样的方式操作，将侧发区的头发内侧倒梳后梳光表面，向后扭转。

STEP 06 将扭转后的头发用发卡固定，注意发卡不要外露。

STEP 07 将侧发区剩余的发尾继续扭转并固定。

STEP 08 在侧发区和后发区的交界处佩戴造型花，进行点缀。

STEP 09 在另一侧同样的位置以同样的方式处理。造型完成。

所用手法

① 倒梳　② 扭转并固定

造型重点

在打造此款造型前，要对头发的发尾进行自然的烫发处理，这样呈现出的层次感才会更加自然。

造型提示

造型纱形成的发带可衔接左右两侧的造型花，这样造型花之间可形成更好的衔接度，使造型显得更加协调。

操作步骤

STEP 01 将后发区的头发内侧倒梳后梳光表面，向上提拉并扭转，以扭包的形式处理。

STEP 02 将剩余的发尾向一侧扭转。

STEP 03 将扭转后的头发用梳子倒梳，并用梳子调整头发表面的层次和纹理。

STEP 04 将刘海区的头发内侧倒梳，梳光表面，以梳子为轴向上翻卷。

STEP 05 将打好的卷用发卡固定。

STEP 06 将刘海区剩余的发尾用梳子倒梳后向一侧扭转，做连环卷处理。

STEP 07 将扭转后的头发继续用发卡固定，注意和第一个卷筒保持足够的空间感。

STEP 08 将侧发区的头发内侧倒梳后向上提拉，以梳子为轴扭转。

STEP 09 将扭转后的头发用发卡固定。

STEP 10 将剩余的发尾继续扭转并固定，和后发区的头发形成衔接。

STEP 11 将另一侧发区的头发内侧同样倒梳，以梳子为轴扭转。

STEP 12 将扭转后的头发用发卡固定，和刘海区的头发形成衔接。

STEP 13 将剩余的发尾继续向上扭转并固定，和顶发区的头发衔接到一起，用梳子调整头发的纹理和层次。

STEP 14 继续用手整理后发区的头发的层次。

STEP 15 在后发区固定造型纱，在两侧刘海区和侧发区的交界处点缀造型花，对结构进行修饰。造型完成。

所用手法

① 扭包造型

② 上翻卷造型

造型重点

后发区的头发固定好之后，要注意剩余发尾的层次感和纹理感的塑造。如果梳理得过于光滑，会让造型显得非常老气。

造型提示

在用造型花修饰造型的时候，注意对额角及造型轮廓的修饰。为了不让造型显得过于单调，可以用网眼纱冲淡饰品与造型之间生硬的衔接。

01

02

03

04

05

06

07

08

09

10

操作步骤

STEP 01 在前额的位置佩戴饰品，用发卡将其固定牢固。

STEP 02 以梳子为轴将刘海区的头发向一侧转动。

STEP 03 继续扭转刘海区剩余的发尾，向一侧固定，用梳子调整头发的弧度。

STEP 04 将左侧发区的头发内侧倒梳后向上提拉，扭转并固定，和刘海区的头发形成衔接。

STEP 05 将侧发区剩余的发尾继续扭转并固定在顶发区的位置。

STEP 06 将另一侧发区的头发内侧倒梳，以梳子为轴向上翻卷并固定。

STEP 07 继续将侧发区剩余的头发向上翻卷并固定。

STEP 08 将后发区的头发提拉并倒梳。

STEP 09 将倒梳后的头发梳光表面，向上提拉，翻转并固定。

STEP 10 用手整理固定后的头发的结构。造型完成。

所用手法

① 倒梳　② 上翻卷造型

造型重点

在向上翻卷头发的时候要注意造型的衔接度。造型的整体感觉不必过于饱满，但是各个结构之间要具有衔接度。

造型提示

可以在造型之前就佩戴饰品，这样做的好处是可以让造型结构对饰品进行适当的遮挡，从而增加造型的空间层次感。

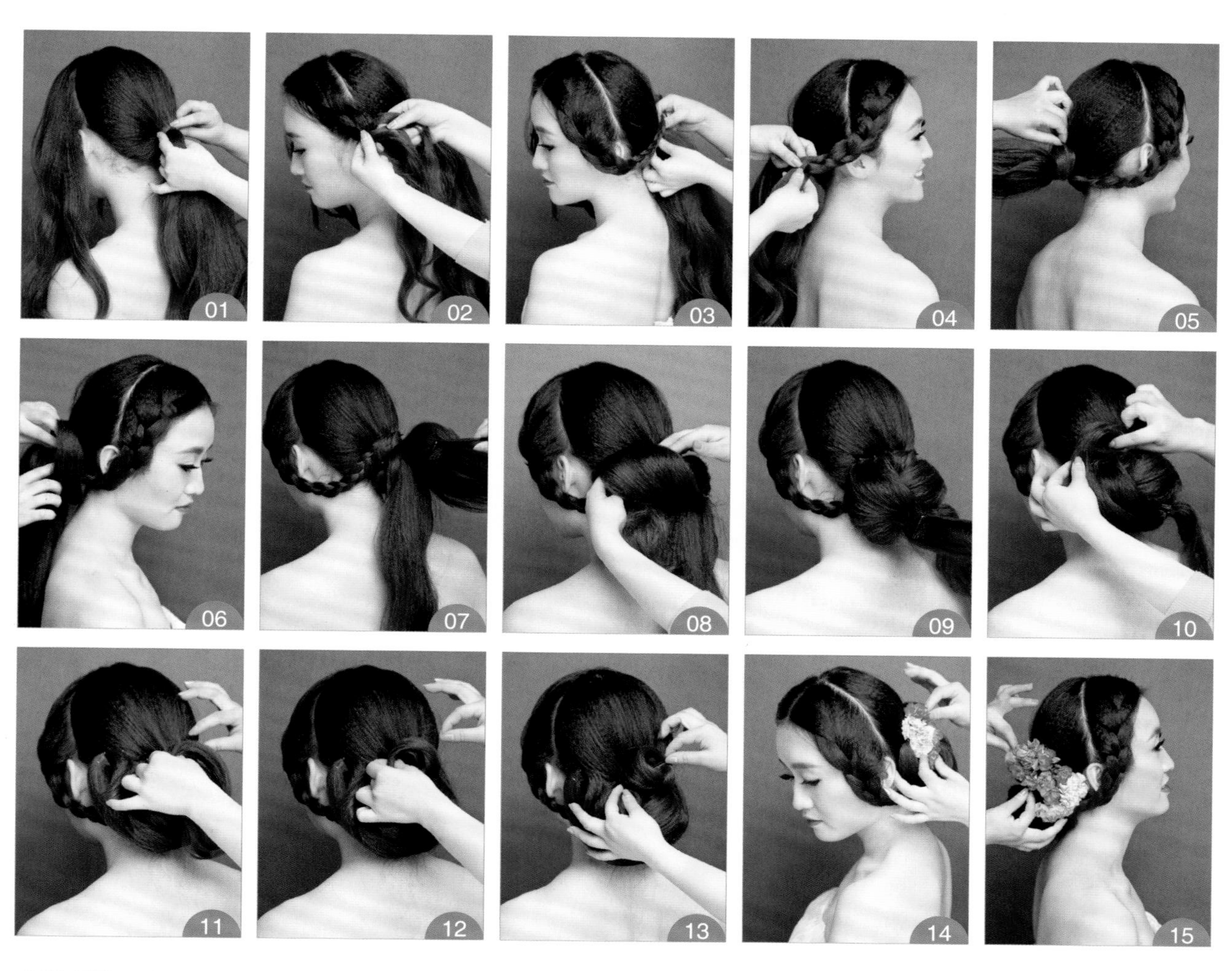

操作步骤

STEP 01 将头发分出前发区和后发区，将后发区的头发用皮筋固定成马尾。

STEP 02 将侧发区的头发以三股连编的形式向后发区编发，注意保持足够的松散度。

STEP 03 将编好的发辫用皮筋固定，向后发区提拉并固定。

STEP 04 另一侧以同样的编发手法进行操作。

STEP 05 将编好的发辫用皮筋固定在后发区的马尾上。

STEP 06 从后发区的马尾中分出头发，进行打卷处理。

STEP 07 将剩余的头发继续用梳子倒梳，制造蓬松度和支撑力。

STEP 08 将倒梳后的发片梳光表面，向上翻转，打卷并固定。

STEP 09 将剩余的头发继续倒梳，制造支撑力和蓬松度。

STEP 10 将倒梳后的头发表面梳光，向上提拉，扭转，打卷，固定在顶发区和后发区的交界处。

STEP 11 将剩余的发片倒梳后向上翻转，打卷并固定，使其和其他的卷筒形成衔接。

STEP 12 将剩余的发尾继续扭转并打卷。

STEP 13 将扭转后的卷筒用暗卡固定，注意使其和其他卷筒形成衔接。

STEP 14 在卷筒的位置佩戴造型花，进行点缀。

STEP 15 在另一侧卷筒的位置同样佩戴造型花，用手调节花的弧度。不同的造型花颜色搭配在一起可使造型层次更加丰富，轮廓更加饱满。造型完成。

所用手法

① 扎马尾

② 打卷造型

造型重点

两侧的辫子在后发区的固定要呈现松散自然的弧度感。可用后发区的打卷对辫子固定的位置进行很好的遮挡。

造型提示

在后发区打卷时会出现一些空隙感，将鲜花点缀在这些不饱满的位置，可使造型的整体效果更饱满。

01

02

03

04

05

06

07

08

09

10

操作步骤

STEP 01　用玉米夹将所有头发处理蓬松，将顶发区的头发暂时固定，将剩余头发用皮筋固定成马尾状。

STEP 02　将顶发区的头发同样用皮筋固定成马尾状。

STEP 03　将顶发区的马尾向内扭转后用发卡固定。

STEP 04　将马尾向前提拉，用梳子倒梳。

STEP 05　将倒梳后的头发向后发区做上翻卷并固定，用梳子调整轮廓的饱满度。

STEP 06　将剩余的发尾继续扭转，向上固定，用梳子调整头发表面的纹理。

STEP 07　继续用手调整头发表面的层次。

STEP 08　再次强调头发的纹理感。

STEP 09　在刘海区佩戴造型花，进行点缀。

STEP 10　继续佩戴造型花，修饰造型。造型完成。

所用手法

① 上翻卷造型

② 扎马尾

造型重点

在头顶扎马尾时要扎得紧实，这样更有利于向前提拉和翻卷造型。翻卷之后要注意对细节位置的固定，使卷筒在额头位置更加伏贴。

造型提示

刘海上方的造型花不但丰富了造型，并且可以加固对刘海位置的头发的固定，一举两得。

操作步骤

STEP 01 用玉米须夹板将头发处理蓬松，将头发向后梳理，用发卡固定。

STEP 02 将剩余的发尾内侧倒梳，向前做下扣卷并固定。

STEP 03 将剩余的发尾扭转并固定。

STEP 04 用手调整固定后的头发的纹理和层次。

STEP 05 在侧发区和刘海区的交界处佩戴造型花。

STEP 06 将后发区的头发提拉，做内侧倒梳处理。

STEP 07 将倒梳后的头发梳光表面，向上翻转，打卷后固定在顶发区的位置。

STEP 08 将剩余的发尾覆盖在造型花的表面，形成虚实的感觉，并用梳子处理头发表面的纹理。

STEP 09 将另一侧头发向后发区扭转并固定，发尾甩出留用。

STEP 10 将剩余的头发提拉并倒梳。

STEP 11 将倒梳后的头发梳光表面，以梳子为轴向上翻转，固定在顶发区的位置。

STEP 12 将剩余的发尾继续扭转并固定。

STEP 13 用梳子处理头发表面的纹理和层次。

STEP 14 再次用手调整头发的纹理和层次。造型完成。

所用手法

① 下扣卷造型

② 打卷造型

造型重点

在打造此款造型的时候，要注意头发纹理感的塑造。此款造型属于比较高的盘发，如果头发缺少纹理感会产生很强的重量感，使造型显得过于沉重。

造型提示

佩戴好造型花之后，可以适当用发丝对造型花进行修饰，使两者融为一体，这样可以使造型看上去更加生动。

操作步骤

STEP 01 将头发分区，将侧发区的头发内侧倒梳后梳光表面，向内侧扭转并固定。

STEP 02 另外一侧以同样的方式操作。

STEP 03 将刘海区的头发内侧倒梳后梳光表面，以梳子为轴向上翻转，打卷并固定。

STEP 04 将剩余的发尾做连环打卷处理。

STEP 05 用发卡将连环打卷的头发固定，用暗卡将两侧固定的头发衔接到一起。

STEP 06 取后发区的头发，将内侧倒梳后梳光表面，向一侧扭转。

STEP 07 继续取发片，扭转并固定。

STEP 08 将剩余的头发继续向上提拉并固定。

STEP 09 用发卡将扭转后的头发和侧发区的头发衔接到一起。

STEP 10 在头发的表面覆盖造型纱。

STEP 11 将造型纱固定在后发区。

STEP 12 在后发区佩戴造型花，进行点缀。

STEP 13 在后发区佩戴更多不同花色的造型花，修饰造型。

STEP 14 在另一侧同样点缀造型花。

STEP 15 喷发胶，为造型定型。

所用手法

① 上翻卷造型

② 连环卷造型

造型重点

此款造型中，对两侧下垂头发的喷胶处理很重要。头发首先要具有一定的卷度，然后通过喷胶对头发进行适当的调整，使其更具有层次感。

造型提示

头顶佩戴的网眼纱要适当对额头位置进行遮挡。佩戴造型花的时候，要对固定网眼纱的位置进行合理的修饰。

操作步骤

STEP 01 用玉米夹将头发处理蓬松，取外层头发，以三带一的方式编发。

STEP 02 向后发区继续编发，编至发尾，用三股辫的形式收尾。

STEP 03 将编好的发辫用皮筋固定。

STEP 04 取侧发区的头发编发，每编一格就甩出一缕头发留用。

STEP 05 一直编至发尾。

STEP 06 将剩余的侧发区头发继续编发。

STEP 07 将编好的发辫用皮筋固定，将第二层发辫向后发区提拉并固定。

STEP 08 放下后发区表面的头发，将第一层发辫向后发区提拉，扭转并固定。

STEP 09 将第三层发辫继续向后发区提拉。

STEP 10 用发卡将发辫和后发区的头发衔接到一起。

STEP 11 将剩余的发尾继续扭转并固定在后发区。

STEP 12 下发卡将发辫与后发区的头发衔接得更加牢固。

STEP 13 在侧发区和后发区的交界处佩戴造型花，进行点缀。

STEP 14 在刘海区的位置同样佩戴造型花，使造型的层次结构更加丰富、饱满。

STEP 15 用尖尾梳调整剩余头发的纹理和层次。造型完成。

所用手法

① 三带一编发

② 三股辫编发

造型重点

打造此款造型时要注意辫子向后固定的角度，使造型侧面呈现出饱满的弧度感。

造型提示

在额头位置佩戴的鲜花是饰品的主体，对造型的饱满度起到了修饰作用。在发辫下方佩戴的鲜花与主体鲜花形成彼此呼应的关系，所佩戴的量要少。